# 花卉生产技术

主　编　杨　慧　顾昌华
副主编　袁　瑞　邓　超
参　编　桂　平　赵会芳　田建霞
　　　　张玉清　李木良

北京理工大学出版社
BEIJING INSTITUTE OF TECHNOLOGY PRESS

## 内 容 提 要

本书以"项目教学"为核心,围绕花卉生产内容展开,主要包括常见花卉的识别、繁育、栽培与养护、无土栽培、应用、病虫害防治等项目内容。每个项目都设置了相应的任务,在真实的项目情景下,组织教学内容,将理论知识与实际应用紧密结合起来,引导学生边学边做,每完成一个学习项目,就能掌握一项技术,增强了学生学习的主动意识和成就感,提高了教学效果。

本书可作为园林、园艺等相关专业的专业核心课程和设施农业与装备技术、生态农业技术专业拓展课程的教材。

**版权专有　侵权必究**

**图书在版编目(CIP)数据**

花卉生产技术 / 杨慧,顾昌华主编. -- 北京:北京理工大学出版社,2023.6
ISBN 978-7-5763-2034-3

Ⅰ. ①花… Ⅱ. ①杨… ②顾… Ⅲ. ①花卉-观赏园艺 Ⅳ. ①S68

中国国家版本馆CIP数据核字(2023)第008144号

| | |
|---|---|
| 出版发行 / 北京理工大学出版社有限责任公司 | |
| 社　　址 / 北京市海淀区中关村南大街5号 | |
| 邮　　编 / 100081 | |
| 电　　话 / (010)68914775(总编室) | |
| 　　　　　(010)82562903(教材售后服务热线) | |
| 　　　　　(010)68944723(其他图书服务热线) | |
| 网　　址 / http://www.bitpress.com.cn | |
| 经　　销 / 全国各地新华书店 | |
| 印　　刷 / 河北鑫彩博图印刷有限公司 | |
| 开　　本 / 787毫米×1092毫米　1/16 | 责任编辑 / 阎少华 |
| 印　　张 / 13.5 | 文案编辑 / 毛慧佳 |
| 字　　数 / 298千字 | 责任校对 / 刘亚男 |
| 版　　次 / 2023年6月第1版　2023年6月第1次印刷 | 责任印制 / 王美丽 |
| 定　　价 / 65.00元 | |

图书出现印装质量问题,请拨打售后服务热线,本社负责调换

# 前言

## Foreword

本书以"项目教学"为核心，围绕花卉生产内容展开，主要包括常见花卉的识别、繁育、栽培与养护、无土栽培、应用、病虫害防治等项目内容。每个项目都设置了相应的任务，在真实的项目情景下，组织教学内容，将理论知识与实际应用紧密结合起来，引导学生边学边做，每完成一个学习项目，就能掌握一项技术，增强了学生学习的主动意识和成就感，提高了教学效果。

本书可作为园林、园艺等相关专业的专业核心课程和设施农业与装备技术、生态农业技术专业拓展课程的教材。

在本书的编写过程中，全体编者付出了辛苦的劳动，铜仁职业技术学院杨慧、顾昌华担任主编；铜仁职业技术学院袁瑞、云南开放大学邓超担任副主编；参与编写的人员还有铜仁职业技术学院桂平、赵会芳、田建霞，铜仁市碧江区四季花卉园张玉清，铜仁市满堂红农业科技有限公司李木良。其中，项目一由邓超编写，项目二由杨慧编写，项目三任务一由李木良编写，项目三任务二、任务三、任务四由顾昌华编写，项目三任务五由张玉清编写，项目三任务六由田建霞编写，项目四由赵会芳编写，项目五由桂平编写，项目六由袁瑞编写。全书由杨慧和顾昌华统稿、审定。本书在编写过程中，铜仁职业技术学院农学院的领导和老师给予了大力帮助和支持，引用了同行许多资料和图片，在此一并表示感谢！

由于时间仓促，编者水平有限，书中遗漏之处在所难免，恳请读者批评指正。

编　者

# 目录

## Contents

**项目一　常见花卉的识别技术** ... 1

**任务一　一二年生花卉识别** ... 1

一、花卉分类依据 ... 1

二、一二年生花卉识别 ... 5

**任务二　多年生花卉识别** ... 16

一、多年生花卉的分类 ... 16

二、常见多年生花卉识别 ... 17

**任务三　木本花卉识别** ... 39

一、木本花卉的分类 ... 39

二、常见木本花卉的识别 ... 39

**项目二　花卉繁育技术** ... 54

**任务一　花卉种子繁殖** ... 54

一、花卉繁殖方式 ... 55

二、花卉种子繁殖 ... 55

**任务二　花卉分生与压条繁殖** ... 67

一、分株繁殖 ... 67

二、分球繁殖 ... 68

三、压条繁殖 ... 70

**任务三　花卉扦插繁殖** ... 72

一、扦插的种类及方法 ... 72

二、影响插扦生根的因素 ... 74

三、促进生根的方法 ... 75

### 任务四　花卉嫁接繁殖……78
一、嫁接繁殖的知识……78
二、嫁接技术……79
三、影响嫁接成活率的因素……80
四、嫁接后管理……81

## 项目三　花卉栽培与养护技术……83

### 任务一　一二年生花卉露地栽培管理……83
一、一二年生花卉露地栽培的方式……83
二、一二年生花卉露地栽培的管理……84
三、常见一二年生花卉栽培的管理……87

### 任务二　多年生花卉露地栽培……93
一、宿根花卉露地的栽培管理……93
二、球根花卉露地的栽培管理……94
三、常见多年生花卉露地的栽培管理……94

### 任务三　木本花卉露地栽培……100
一、木本花卉露地栽培管理技术……100
二、常见木本花卉露地栽培……100

### 任务四　水生花卉露地栽培……105
一、水生花卉的园林应用……105
二、水生花卉露地栽培管理技术……105
三、常见水生花卉露地栽培技术……106

### 任务五　花卉盆栽管理……108
一、花卉盆栽的特点……108
二、常用的花盆类型……108
三、培养土……109
四、盆栽技术……110
五、盆栽形式……112
六、常见盆栽花卉栽培管理技术……114

### 任务六　花期调控……121
一、花期调控的基本原理……121
二、花期调控的主要方法……123

## 项目四 花卉无土栽培 ... 131

### 任务一 无土栽培的基本理论 ... 131
一、无土栽培的概念 ... 131
二、无土栽培的特点和发展趋势 ... 132
三、无土栽培的原理 ... 132
四、无土栽培的分类 ... 133

### 任务二 营养液和基质的配制与管理 ... 135
一、营养液 ... 135
二、营养液的使用与管理 ... 136
三、基质的特性 ... 137
四、基质消毒 ... 138

### 任务三 花卉无土栽培技术 ... 140
一、切花月季无土栽培技术 ... 140
二、君子兰无土栽培技术 ... 141
三、中国兰花无土栽培技术 ... 141
四、巴西木无土栽培技术 ... 142
五、屋顶花园无土栽培技术 ... 142

## 项目五 花卉的应用技术 ... 146

### 任务一 花卉在园林绿地中的应用 ... 146
一、花坛 ... 146
二、花台 ... 150
三、花境 ... 151
四、花柱 ... 152
五、花墙 ... 152
六、篱垣及棚架 ... 153
七、花篱 ... 154
八、盆花布置 ... 154
九、专类园 ... 158
十、花卉租摆 ... 159

### 任务二 花卉的经营与管理 ... 163
一、花卉的产业结构 ... 163
二、花卉经营的特点与方式 ... 164
三、花卉产品营销渠道 ... 164

四、花卉的分级包装……………………………………………………166
　　五、花卉生产管理………………………………………………………167
　　六、生产成本核算………………………………………………………169

## 项目六　花卉病虫害防治技术……………………………………………173

### 任务一　花卉常见虫害识别及防治…………………………………………173
　　一、花卉虫害基本知识…………………………………………………173
　　二、花卉常见害虫………………………………………………………177

### 任务二　花卉常见病害………………………………………………………194
　　一、病状及其类型………………………………………………………194
　　二、病征及其类型………………………………………………………195
　　三、花卉常见病害………………………………………………………196

## 参考文献…………………………………………………………………………206

# 项目一　常见花卉的识别技术

## 学习目标

**知识目标**

1. 了解花卉常见的分类方法；
2. 熟悉常见一二年生花卉、多年生花卉、木本花卉的形态特征和生态习性；
3. 了解常见一二年生花卉、多年生花卉、木本花卉的园林应用。

**能力目标**

1. 能够识别常见的一二年生花卉、多年生花卉、木本花卉；
2. 能够简述一二年生花卉、多年生花卉、木本花卉的形态特征及基本的园林用途；
3. 能够区分一年生花卉、二年生花卉、多年生花卉、木本花卉。

**素养目标**

1. 在花卉识别的过程中，培养细心、专注的工作态度；
2. 在花卉园林的运用中，提高发现美、创造美的能力；
3. 培养"化作春泥更护花"的奉献精神。

## 任务一　一二年生花卉识别

### 任务导入

通过本任务的学习，列举出10种生活中常见的一二年生花卉，了解其形态特征、生活习性并讨论其在园林中的用途。

### 知识准备

#### 一、花卉分类依据

花卉有狭义和广义两种解释。狭义的花卉是指具有观赏价值的草本植物，如菊花、凤仙花等；广义的花卉是指所有花、茎、叶、果或根在形态或色彩上具有观赏价值的植物。所以，广义的花卉不但包括草本植物，还包括乔木、灌木、藤本及地被植物等。花卉种类繁多，具有很高的观赏、生态和经济价值。

由于分类依据不同，花卉有多种类别。

## (一)依据生态习性分类

### 1. 草本花卉

草本花卉的植物茎为草质,木质化程度低,柔软多汁,易折断,依其生活史可分为以下几类:

(1)一年生花卉。一年生花卉是指在一个生长季内完成生活史的花卉,即从播种到开花、结实、枯死均在一个生长季内完成。这类花卉一般春天播种,夏秋生长、开花结实,冬天枯死。因此,一年生花卉又称为春播花卉,如凤仙花、鸡冠花、百日草、半枝莲、万寿菊等。

(2)二年生花卉。二年生花卉是指在两个生长季内完成生活史的花卉。当年只生长营养器官,越年后开花、结实、死亡。这类花卉一般秋天播种,次年春季开花,夏天枯死。因此,二年生花卉又称为秋播花卉,如五彩石竹、紫罗兰、羽衣甘蓝、瓜叶菊等。

(3)多年生花卉。多年生花卉是指个体寿命超过两年的、能多次开花、结实的花卉。根据地下部分形态变化,其又可分为以下两类:

①宿根花卉:地下部分形态正常,不发生变态的,如芍药、玉簪、萱草等。

②球根花卉:地下部分变态肥大者。根据变态形状,其又可分为以下五大类:

a. 鳞茎类:地下茎呈鱼鳞片状,鳞片的外面有纸质外皮包被的称为有皮鳞茎,如水仙、郁金香、朱顶红;鳞片的外面没有外皮包被的称为无皮鳞茎,如百合。

b. 球茎类:地下茎呈球形或扁球形,外面有革质外皮,如唐菖蒲、香雪兰等。

c. 根茎类:地下茎肥大呈根状,上面有明显的节,新芽着生在分枝的顶端,如美人蕉、荷花、睡莲、玉簪等。

d. 块茎类:地下茎呈不规则的块状或条状,如马蹄莲、仙客来、大岩桐、晚香玉等。

e. 块根类:地下主根肥大呈块状,根系从块根的末端生出,如大丽花。

(4)水生花卉。水生花卉是指在水中或沼泽地生长的多年生草本花卉,如睡莲、荷花等。其主要有以下几类:

①挺水植物:根生于泥水中,茎叶挺出水面,如荷花。

②浮水植物:根生于泥水中,叶片浮于水面或略高于水面,如睡莲、王莲等。

③漂浮植物:根伸展于水中,叶片浮于水面,随水漂浮流动,在水浅处可生根于泥水中,如浮萍、凤眼莲(水葫芦)等。

④沉水植物:根生于泥水中,茎叶全部沉于水中,水浅时露出水面,如莼菜。

### 2. 木本花卉

木本花卉可分为落叶木本花卉和常绿木本花卉。

(1)落叶木本花卉。

①落叶乔木,如银杏、樱花等;

②落叶灌木,如迎春、绣线菊等;

③落叶藤本,如葡萄、紫藤等。

(2)常绿木本花卉。

①常绿乔木，如广玉兰、桂花、雪松等；

②常绿灌木，如杜鹃花、含笑花、茉莉等；

③常绿亚灌木，如八仙花、倒挂金钟等；

④常绿藤本，如龙吐珠、常春藤等。

(3)竹类。竹类是园林植物特殊分支，其形态等与树木不同，在园林中的地位也非树木能取代，如凤尾竹、佛肚竹、刚竹等。

### (二)依园林用途分类

#### 1. 花坛花卉

花坛花卉是指可以用于布置花坛的一二年生露地花卉。例如，在春天开花的有三色堇、石竹；夏天的花坛里常栽种凤仙花、雏菊；秋天通常选用一串红、万寿菊、九月菊等；冬天可适当在花坛里布置羽衣甘蓝等。

#### 2. 盆栽花卉

盆栽花卉是指以盆栽形式装饰室内及庭园的盆花，如木瓜海棠、扶桑、文竹、一品红、金橘等。

#### 3. 室内花卉

室内花卉是指通过 C4 途径[①]来进行光合作用暗反应过程的一类花卉。一般观叶类植物都可作为室内观赏花卉，如发财树、巴西木、绿巨人、绿萝等。

#### 4. 切花花卉

切花花卉是指可以从植物体上剪切下花朵、枝条、叶片等用于制作花束、花篮、花圈及其他插花作品的花卉。

(1)宿根类：如非洲菊、满天星、鹤望兰。

(2)球根类：百合、郁金香、马蹄莲、香雪兰等。

(3)木本类切花：如桃花、梅花、牡丹、月季、玫瑰等。

### (三)依经济用途分类

#### 1. 药用花卉

例如牡丹、芍药、桔梗、牵牛、麦冬、鸡冠花、凤仙花、百合、贝母及石斛等都是重要的药用花卉。另外，金银花、菊花、荷花等均为常见的中药材。

#### 2. 香料花卉

香料花卉在食品、轻工业等方面的用途很广。例如，桂花可作为食品香料，也可供酿酒使用；茉莉、白兰等可熏制茶叶；菊花可制高级食品和菜肴；白兰、玫瑰、水仙、

---

① 一些植物对 $CO_2$ 的固定反应是在叶肉细胞的胞质溶胶中进行的，在磷酸烯醇式丙酮酸羧化酶的催化下将 $CO_2$ 连接到磷酸烯醇式丙酮酸(PEP)上，形成草酰乙酸，这种固定 $CO_2$ 的方式称为 C4 途径。

蜡梅等可提取香精，从玫瑰中提取的玫瑰油，在国际市场上被誉为"液体黄金"，价值比黄金还高。

### 3. 食用花卉

食用花卉是指叶或花朵可以直接食用的花卉。例如，百合既可以作切花，又可以食用；菊花脑、黄花菜既可用作绿化苗木，又可以食用。

## （四）依据花卉原产地气候类型分类

### 1. 中国气候型

中国气候型又称大陆东岸气候型。这一气候型因冬季气温高低不同，又可分为温暖型与冷凉型。

（1）温暖型（低纬度地区）特点：冬寒夏热，雨水多集中在夏季，如中国水仙、中国石竹、山茶、杜鹃、百合等。

（2）冷凉型（高纬度地区）特点：冬季寒冷，夏季凉爽，如菊花、芍药、荷包牡丹、贴梗海棠等。

### 2. 欧洲气候型

欧洲气候型又称大陆西岸气候型，其特点是冬暖夏凉，温差较小，四季雨水偏少。如三色堇、雏菊、羽衣甘蓝、紫罗兰等。这类花卉在我国地区一般作二年生栽培，即夏秋播种，翌春开花。

### 3. 地中海气候型

地中海气候型的特点是冬不冷、夏不热、冬春多雨，夏季干燥，如风信子、小苍兰、郁金香、仙客来、酢浆草等。

### 4. 墨西哥气候型

墨西哥气候型又称热带高原气候型，常见于热带及亚热带高山地区。其特点是四季如春，温差小；四季有雨或降雨过程集中于夏季，我国云南省就属于这种气候类型。其原产花卉有大丽花、一品红、万寿菊、云南山茶、月季等。

### 5. 热带气候型

热带气候型的特点是年高温，温差小；雨量充沛，但分布不均，原产热带的花卉，在温带需要温室内栽培，一年生草花可以在露地无霜期时栽培。

（1）原产亚洲、非洲及大洋洲热带著名花卉，如鸡冠花、虎尾兰、彩叶草、变叶木等。

（2）原产中美洲和南美洲热带著名花卉，如花烛、长春花、美人蕉、牵牛等。

### 6. 沙漠气候型

沙漠气候型的特点是终年少雨，这类地区多为沙漠，主要生长着多浆类植物，如芦荟、仙人掌、光棍树（又称绿玉树）、龙舌兰等。

### 7. 寒带气候型

寒带气候型的特点是冬季长而冷，夏季短而凉，植物生长期短，主要分布在阿拉斯加、西伯利亚一带。这些地区气候冬季漫长而严寒，夏季短促而凉爽。植物生长期只有

2~3个月。由于这类气候型的夏季白天天长、风大，植物低矮，生长缓慢，常呈垫状。寒带气候型的主要花卉有细叶百合、龙胆、雪莲等。

### (五)依自然分布分类

依自然分布分类，花卉可分为热带花卉、温带花卉、寒带花卉、高山花卉、水生花卉、岩生花卉、沙漠花卉。

## 二、一二年生花卉识别

### (一)一二年生花卉的生活习性

#### 1. 一年生花卉

一年生花卉多数种类原产于热带或亚热带，一般不耐0 ℃以下低温。依其对温度的要求可分为耐寒、半耐寒和不耐寒型三种类型。耐寒型花卉苗期耐轻霜冻，不仅不受害，在低温下还可继续生长；半耐寒型花卉遇霜冻受害甚至死亡；不耐寒型花卉原产热带地区，遇霜立刻死亡，生长期要求高温。

一年生花卉多数喜阳光和排水良好而肥沃的土壤。花期可以通过调节播种期、光照处理或加施生长调节剂进行促控。

#### 2. 二年生花卉

二年生花卉多数原产于温带或寒冷地区，耐寒性较强，不耐高温。秋季播种，大部分能在露地越冬或稍加覆盖防寒越冬，翌年春夏开花。苗期要求短日照，在0~10 ℃低温下通过春化阶段，在长日照下开花。二年生花卉第一年进行大量的生长，并形成储藏器官。二年生花卉中有些本为多年生，但作二年生花卉栽培，如蜀葵、三色堇、四季报春等。

### (二)常见一二年生花卉识别

#### 1. 金光菊(*Rudbeckia laciniata*)

科属：菊科金光菊属。

别名：黑眼菊、黄菊、黄菊花。

形态特征：多年生草本植物，多作一二年生栽培；枝叶粗糙，全株被毛；近根出叶，上部叶互生，叶匙形及阔披针形，叶缘具粗齿；头状花序；舌状花单轮，金黄色；管状花深褐色，呈半球形(图1-1)。

园林用途：多用作庭园布置；可作花坛、花境材料，或用来布置草地边缘，也可作切花。

#### 2. 紫菀(*Aster tataricus* L.)

科属：菊科紫菀属。

别名：青菀、紫倩、小辫。

图 1-1　金光菊

形态特征：宿根草本，常作一二年生栽培，高 0.4～2.0 m；茎直立，上部有分枝。叶披针形至长椭圆状披针形，基部叶大，上部叶狭、粗糙，边缘有疏锯齿；头状花序，直径 2.5～4.5 cm，排成复伞状；总苞半球形，具 3 层苞片，边缘宽膜质，紫红色；舌状花 2 枚左右，淡紫色；管状花黄色；花期为 7—9 月（图 1-2）。

园林用途：用作庭园及切花。

图 1-2　紫菀

### 3. 黄金菊(*Euryops pectinatus*)

科属：菊科梳黄菊属。

别名：南非菊、翠菊木。

形态特征：一年生或多年生草本植物，羽状叶有细裂，花黄色，花心黄色，夏季开花。全株具香气，叶略带草香及苹果的香气（图 1-3）。

园林用途：地被植物，可用于树林草地。

图 1-3　黄金菊

### 4. 雪叶菊(*Senecio cineraria*)

科属：菊科千里光属。

别名：雪叶莲、白妙菊。

形态特征：多年生草本植物，常作一二年生栽培；株高 30～60 cm，茎直立，全株被白色绒毛；叶羽状深裂，头状花序单生于枝顶，花小、黄色，花期为6—9月(图1-4)。

园林用途：温暖地区可庭园栽培观赏。

图1-4 雪叶菊

## 5. 百日草(*Zinnia elegans* Jacq.)

科属：菊科百日菊属。

别名：百日菊、步步高、火球花。

形态特征：一年生草本植物。侧枝呈杈状分枝。夏秋开花，头状花序单生枝顶，花径约 10 cm，花瓣颜色多样，花期为 6—10 月，花型变化多端，基本上都是重瓣种(图1-5)。

园林用途：花大色艳，开花早，花期长，株型美观，可按高矮分别用于花坛、花境、花带；也常用于盆栽。

图1-5 百日草

## 6. 万寿菊(*Tagetes erectaL*)

科属：菊科万寿菊属。

别名：臭芙蓉、万寿灯、蜂窝菊。

形态特征：一年生草本，株高60～100 cm，全株具异味，茎粗壮，绿色，直立。单叶羽状全裂对生，裂片披针形，具锯齿，上部叶时有互生，裂片边缘有油腺，锯齿有芒，头状花序着生枝顶，花径可达 10 cm，花为舌状黄色或暗橙色；管状花花冠黄色。花期为7—9月。瘦果黑色，冠毛淡黄色(图1-6)。

园林用途：用于布置夏、秋季花坛和花境；高茎种可作切花。

#### 7. 大花马齿苋(*Portulaca grandiflora*)

科属：马齿苋科马齿苋属。

别名：太阳花、松叶牡丹、洋马齿苋。

形态特征：一年生草本，高为 10～20 cm。茎肉质，斜伸或匍匐状，紫红色，节上疏生丝状毛，无柄。花 1 至数朵簇生于枝顶，基部有 8～9 枚轮生的叶状苞片，花径达 4 cm。单瓣、半重瓣或重瓣，庭园栽培主要为重瓣品种。呈红色、橙色、黄色、白色、粉色、玫红色、复色及斑纹等。花期为 6—9 月，果期为 8—11 月（图 1-7）。

园林用途：夏、秋季花坛和岩石园；也可盆栽观赏。

图 1-6　万寿菊

图 1-7　大花马齿苋

#### 8. 紫罗兰(*Maffhiola incanna*)

科属：十字花科紫罗兰属。

别名：草桂花、草紫罗兰、四桃克。

形态特征：多年生草本，常作一二年生栽培。株高为 20～75 cm，茎直立，全株被灰白星状柔毛。叶互生，全缘，倒披针形至圆形。总状花序顶生，花瓣圆柱形，种子有白色膜翅。花期依不同类型而异。夏紫罗兰在 6—8 月开花，为典型的一年生植物；冬紫罗兰在 4—5 月开花；秋紫罗兰为前二者的杂交种，花期为 7—9 月（图 1-8）。

园林用途：多在庭园中作花境、花丛栽培；一些矮生品种可用来布置花坛或盆栽；可作重要的切花材料和香料植物。

#### 9. 一串红(*Salvia splendens*)

科属：唇形科鼠尾草属。

别名：炮仗红、象牙红、西洋红。

形态特征：多年生草本花卉，常作一年生栽培。茎四棱，叶对生有柄，绿色。总状花序顶生，花萼钟状2唇，宿存，与花冠同色，株高30～50 cm。盛花期为9—10月，花期为2个月，花色有紫色、红色、白色。种子为黑色，椭圆形，每年的11月下旬开始采种（图1-9）。

园林用途：常作花丛、花坛的主体材料；也可作切花；全草可入药。

图1-8　紫罗兰

图1-9　一串红

## 10. 凤仙花(*Impatiens balsamina* L.)

科属：凤仙花科凤仙花属。

别名：指甲花。

形态特征：凤仙花为一年生草本，高60～100 cm。茎肉质多汁，近光滑，皮青绿色或红褐色至深褐色。叶互生，狭披针形，边缘有锯齿，叶柄有腺。花大，多侧生，单数朵簇生于上部叶腋，或呈总状花序状，花柄短，花瓣5片。花色有紫红色、大红色、粉红色、水红色、玫瑰红色、白色及杂色等。花型有单瓣、复瓣、重瓣、蔷薇型及茶花型等。蒴果呈卵形。花期为6—9月，种子成熟期为7—10月（图1-10）。

园林用途：公园、花坛、花境、庭院地栽或盆栽；茎、叶可入药。

图1-10　凤仙花

**11. 三色堇(*Viola tricolor* L.)**

科属：堇菜科堇菜属。

别名：蝴蝶花、猫脸花。

形态特征：二年生草本，多分枝，株高 15～30 cm，茎分枝，枝、叶为青色。叶互生，排列紧密，圆心脏形，叶缘具钝锯齿，托叶宿存。花期为 4—6 月，花猫脸形，花色呈黄色、黑色、紫色，红色极少。种子 6 月中旬成熟，蒴果椭圆形，种子黄色，倒卵形（图 1-11）。

园林用途：花坛、花境及镶边植物；也可作盆栽或鲜切花。

图 1-11 三色堇

**12. 彩叶草[*Plectranthus scutellarioides* (L.) R. Br.]**

科属：唇形科鞘蕊花属。

别名：五彩苏、五色草、锦紫苏。

形态特征：多年生草本，常作一二年生栽培。茎通常紫色，叶片膜质，其变异很大，通常卵圆形，先端钝至短渐尖，基部宽楔形至圆形，边缘具圆齿状锯齿或圆齿，色泽多样，有黄色、暗红色、紫色及绿色，轮伞花序多花，7 月开花。株高 30～80 cm，茎直立，有四棱，分枝少。叶对生，叶片卵圆形，先端渐尖或锐尖，叶面皱缩；叶缘具钝锯齿，叶长可达 8～15 cm。叶色有红色、绿色、黄色、紫色、褐色等，或有彩纹镶边（图 1-12）。

园林用途：盆栽观赏、花坛、花境、鲜切花；叶又可入药，能治蛇咬。

图 1-12 彩叶草

## 13. 金盏菊(*Calendula officinalis*)

科属：菊科金盏菊属。

别名：常春花、黄金盏。

形态特征：一年生或多年生草本植物，茎高30～60 cm，全株具毛。叶互生、绿色，长圆至长圆状倒卵形，全缘或有不明显锯齿，基部稍抱茎。头状花序单生，花径为3.5～5 cm。花梗粗壮，总苞片1～2轮，线状披针形，稍短于舌状花，基部联合，花色有金黄色、橙色，种子弯曲。花期为4—6月，果期为5—7月(图1-13)。

园林用途：布置花坛，也可作切花或盆花。

图1-13 金盏菊

## 14. 四季秋海棠(*Begonia semperflorens*)

科属：秋海棠科秋海棠属。

别名：玻璃翠、四季海棠、瓜子海棠。

形态特征：多年生常绿草本花卉，常作一二年生花卉栽培。茎光滑，肉质多汁，且分枝多。叶互生，卵圆形，叶色因品种而异，有绿色、深红色，并具光泽。花为聚伞花序，腋生或顶生，花色丰富，有白色、红色、粉红色及双色等。在适宜的温度下，四季都可以开花。蒴果，种子极其细小，每克约有20 000粒(图1-14)。

园林用途：可配植于阴湿地、点缀在树荫下、岩石旁或建筑物旁；可作布置花坛、花境的主要材料；全草和块茎可入药。

图1-14 四季秋海棠

## 15. 瓜叶菊(*Pericallis hybrida*)

科属：菊科瓜叶菊属。

别名：富贵菊、黄瓜花。

形态特征：多年生草本，常作一二年生栽培。分为高生种和矮生种，茎高 20～90 cm 不等。全株被微毛，叶片大形如瓜叶，绿色光亮。花顶生，头状花序多数聚合成伞房花序，花序密集覆盖于枝顶，常呈锅底形，花色丰富，除黄色外，其他颜色均有，还有红白相间的复色，花期为 1—4 月（图 1-15）。

园林用途：作盆花观赏；可在断霜后置露天作花坛；还可用来制作花篮。

图 1-15　瓜叶菊

### 16. 千日红(*Gomphrena globosa* L.)

科属：苋科千日红属。

别名：百日红、火球花。

形态特征：一年生直立草本，高为 20～60 cm，全株被白色硬毛。叶对生，纸质，长圆形，很少椭圆形，长 5～10 cm，顶端钝或近短尖，基部渐狭；叶柄短或上部叶近无柄。花夏秋间开放，紫红色，排成顶生、圆球形或椭圆状球形、长 1.5～3 cm 的头状花序；苞片和小苞片紫红色、粉红色、乳白色或白色，小苞片长约 7 mm，背肋上有小齿；5 个萼片，长约 5 mm，花后不变硬，花期为 7—10 月。花色艳丽有光泽，花干后而不凋，经久不变，所以得名千日红(图 1-16)。

园林用途：为花坛、花境材料；可作切花和"干花"用。

图 1-16　千日红

### 17. 羽衣甘蓝(*Brassica oleracea* var. acephala)

科属：十字花科芸薹属。

别名：无头甘蓝、海甘蓝、叶牡丹。

形态特征：二年生草本，观赏品种很多，叶片形态美观多变，色彩绚丽如花。其中，心叶片颜色尤为丰富，整个植株形如牡丹。叶基生，幼苗与食用甘蓝极像，但长大后不结球。叶大而肥厚，叶色丰富，叶形多变，开花时总状花序高可达 1.2 m（图 1-17）。

园林用途：作为叶类观赏用。

图 1-17　羽衣甘蓝

## 18. 矮牵牛[*Petunia hybrida* (J. D. Hooker) Vilmorin]

科属：茄科碧冬茄属或矮牵牛属。

别名：碧冬茄、毽子花、矮喇叭、番薯花。

形态特征：多年生草本，常作一二年生栽培，高 20~45 cm；茎匍地生长，被有粘质柔毛；叶质柔软，卵形，全缘，互生，上部叶对生；花单生，呈漏斗状，重瓣花球形，花色有白色、紫色及各种红色，并镶有其他色边，非常美丽，花期为从 4 月至降霜；蒴果，种子细小（图 1-18）。

园林用途：地栽布置花坛；盆植，盆栽吊植，美化阳台居室；花槽配置；景点摆放；窗台点缀；重瓣品种还可切花观赏。

图 1-18　矮牵牛

## 19. 秋英(*Cosmos bipinnatus*)

科属：菊科秋英属。

别名：波斯菊。

形态特征：一年或多年生草本植物，细茎直立，分枝较多，光滑茎或具微毛。单叶对生，长约 10 cm，二回羽状全裂，裂片狭线形，全缘无齿。头状花序着生在细长的花梗上，顶生或腋生，花茎长为5～8 cm。总包片2层，内层边缘膜质。舌状花1轮，花瓣尖端呈齿状，花瓣8枚，有白色、粉色、深红色。筒状花占据花盘中央部分均为黄色。瘦果有椽，种子的寿命为3～4年，干粒重6g。花期为夏、秋季。园艺变种有白花波斯菊、大花波斯菊、紫红花波斯菊。园艺品种分早花型和晚花型两大系统，还有单、重瓣之分(图1-19)。

园林用途：适用于布置花镜；在草地边缘，树丛周围及路旁成片栽植作背景材料；重瓣品种可作切花材料。

图1-19　秋英

**20. 香雪球(Lobularia maritima)**

科属：十字花科香雪球属。

形态特征：多年生草本作一年生栽培，基部木质化，株高可达40 cm，全珠银灰色"丁"字毛，茎自基部向上分枝，叶片条形或披针形，两端渐窄，全缘。花序伞房状，花梗丝状，萼片长圆卵形，内轮的窄椭圆形或窄卵状长圆形；花瓣淡紫色或白色，长圆形，顶端钝圆，短角果椭圆形，果瓣扁压而稍膨胀，果梗末端上翘。种子悬垂于子房室顶，长圆形，淡红褐色。温室栽培：3—4月开花；露地栽培：6—7月开花(图1-20)。

园林用途：适用于布置岩石园；花坛、花境的优良镶边材料；可作盆栽观赏。

图1-20　香雪球

## 知识拓展

大部分的花卉植物都被人们赋予了美好的寓意，含有丰富的文化。

百日草：百日草的花期很长，为6—9月，花朵陆续开放，第一朵花开在顶端，然后侧枝顶端开花比第一朵开得更高,所以又得名"步步高",象征友谊天长地久。

三色堇:作为一种著名的早春花卉,三色堇的品种十分繁多,色彩鲜艳,花期颇长,花径大的可达 12 cm,也出现过花径仅为 3 cm 的迷你三色堇,并已育出黑色品种。除耐寒品种外,也有了抗热、抗病的三色堇。三色堇的花语是沉思、思念。

千日红:花色艳丽有光泽,花干后而不凋,经久不变,由此而得名,是天生的制作干燥花的花材,代表着永恒的爱情,也象征着一心一意,宠辱不惊和长久。

羽衣甘蓝:叶的边缘有紫红色、绿色、红色、粉色等不同的颜色,叶面则有淡黄色、绿色等颜色,整个植株形状好像牡丹,所以,羽衣甘蓝也被称为"叶牡丹",它的花语是华美、祝福、吉祥如意。

## 任务实施

经过以上的学习,同学们可以一起来识别校园内的一二年生花卉,以 3~5 人一组,通过观察分析并对照识别手册或相关专业书籍,记载花卉主要观赏部位的形态,并记忆花卉中文名和学名,归纳其所属类别。观察不同生长条件或栽培方式下花卉生长发育表现,了解各类花卉或品种的生态习性。

待识别完成后,将相关信息填入表 1-1 中。

表 1-1　花卉分类与识别记载表

| 序号 | 花卉植物名称 | 科或属名 | 主要识别特征 | 生长环境 | 生长状况 | 园林应用 |
|---|---|---|---|---|---|---|
|  |  |  |  |  |  |  |
|  |  |  |  |  |  |  |
|  |  |  |  |  |  |  |
|  |  |  |  |  |  |  |
|  |  |  |  |  |  |  |
|  |  |  |  |  |  |  |

## 课后练习

什么是一二年生花卉?请列举出 5 种以上的一二年生花卉。

# 任务二　多年生花卉识别

## 任务导入

请通过本任务的学习，列举出10种生活中常见的多年生花卉，了解其形态特征、生活习性并讨论其园林用途。

## 知识准备

多年生花卉是能够多次开花结实的草本花卉，其共同特征是都有永久性的地下部分（地下根、地下茎），常年不死。

### 一、多年生花卉的分类

#### （一）多年生草本花卉

(1) 宿根花卉：地下部分的形态正常，不膨大，能够存活多年。

①地上部分枯死，第二年春季从地下根际中重新萌芽，长成植株，到冬季枯死的多年生花卉，如菊花、芍药等。

②地上部分保持常绿的多年生花卉，如花烛、鹤望兰、君子兰等。

(2) 球根花卉：地下茎或根变态膨大。

①鳞茎类：地下茎鱼鳞片状，如水仙、百合。

②球茎类：地下茎球形，如唐菖蒲。

③根茎类：地下茎肥大呈根状，如美人蕉、荷花。

④块茎类：地下茎不规则块状，如马蹄莲、晚香玉。

⑤块根类：地下主根肥大且呈块状，如大丽花。

#### （二）水生花卉

在水中或沼泽地生长的花卉。

(1) 挺水植物：荷花。

(2) 浮水植物：睡莲、王莲。

(3) 沉水植物：莼菜。

(4) 漂浮植物：凤眼莲。

#### （三）多肉花卉

多肉花卉也称多浆植物，是指根、茎、叶三种营养器官中至少有一种肥厚多汁并且具备储藏大量水分功能的植物。

(1) 叶多肉植物：主要靠叶部来储藏水分，其叶部高度肉质化，而茎的肉质化程度较低，部分种类的茎带有一定程度的木质化，如芦荟、生石花。

（2）茎多肉植物：主要靠茎部来储藏水分，其茎部有大量的储水细胞，表面有一层能进行光合作用的组织，叶片很少或不长叶片，如仙人掌。

## 二、常见多年生花卉识别

### 1. 菊花 [*Dendranthema morifolium* (Ramat.) Tzvel.]

科属：菊科菊属。

别名：菊华、秋菊、九华、黄花。

形态特征：株高 20～200 cm，茎色嫩绿或褐色，基部半木质化。单叶互生，卵圆至长圆形。边缘有缺刻及锯齿，头状花序顶生，舌状花为雌花。筒状花为两性花。舌状花分为下、匙、管、畸四类。筒状花发展成为具各种色彩的"托桂瓣"，花色有红色、黄色、白色、紫色、绿色、粉红色、复色、间色等。花序大小和形状各有不同，有单瓣，有重瓣；有扁形，有球形；有长絮，有短絮，有平絮，有卷絮；有空心，有实心；有挺直的和下垂的，样式繁多，品种复杂。根据瓣型可分为平瓣、管瓣、匙瓣三类十多种类型（图 1-21）。

园林用途：适用于花坛、地被、盆花和切花等。

图 1-21 菊花

### 2. 芍药（*Paeonia lactiflora* Pall.）

科属：芍药科芍药属。

别名：将离、离草、婪尾春。

形态特征：块根由根颈下方生出，肉质，粗壮，呈纺锤形或长柱形，直径为 0.6～3.5 cm。芍药花瓣呈倒卵形，花盘为浅杯状，花期为 5—6 月，花一般着生于茎的顶端或近顶端叶腋处，原种花呈白色，花瓣为 5～13 枚。花色丰富，有白色、粉色、红色、紫色、黄色、绿色、黑色和复色等，花径为 10～30 cm，花瓣可达上百枚。果实呈纺锤形，种子呈圆形、长圆形或尖圆形（图 1-22）。

园林用途：在园林中常成片种植，是近代公园中或花坛里的主要花卉；或沿着小径、路旁作带形栽植，或在林地边缘栽培，并配以矮生、匍匐性花卉；以芍药构成专类花园；重要的切花，或插瓶，或作花篮。

图 1-22 芍药

### 3. 桔梗花[*Platycodon grandiflorus* (Jacq.) A. DC.]

科属：桔梗科桔梗属。

别名：僧冠帽、铃铛花、六角荷、梗草、白药。

形态特征：茎高 20～120 cm，通常无毛，偶密被短毛，不分枝。叶全部轮生，叶片卵形、卵状椭圆形至披针形，上面无毛而绿色，下面常无毛而有白粉，边缘具细锯齿。花单朵顶生，或数朵集成假总状花序，花冠大，长为 1.5～4.0 cm，蓝色或紫色。蒴果呈球状，或球状倒圆锥形，或倒卵状，长为 1～2.5 cm，直径约 1 cm。花期为 7—9 月（图 1-23）。

园林用途：多适用于布置花坛、宿根花境；点缀岩石园；切花或盆栽。

图 1-23 桔梗花

### 4. 石竹(*Dianthus chinensis* L.)

科属：石竹科石竹属。

别名：洛阳花、中国石竹、中国沼竹、石竹子花。

形态特征：多年生草本，高为 30～50 cm，全株无毛，带粉绿色。茎由根颈生出，疏丛生，直立，上部分枝。叶片线状披针形，顶端渐尖，基部稍狭，全缘或有细小齿，中脉较显。花单生枝端或数花集成聚伞花序；紫红色、粉红色、鲜红色或白色，顶缘不整齐齿裂，喉部有斑纹；蒴果圆筒形，包于宿存萼内，种子黑色，扁圆形。花期为 5—6 月，果期为 7—9 月（图 1-24）。

园林用途：适用于花坛、花境、花台或盆栽；也可用于岩石园和草坪边缘点缀；大面积成片栽植时可作景观地被材料；作鲜切花供观赏亦可。

图 1-24 石竹

## 5. 虎耳草(*Saxifraga stolonifera* Curt.)

科属：虎耳草科虎耳草属。

别名：石荷叶、金线吊芙蓉、老虎耳、金丝荷叶、耳朵红。

形态特征：多年生草本，高为 8～45 cm。鞭匐枝细长，密被卷曲长腺毛，具鳞片状叶。茎被长腺毛，具 1～4 枚苞片状叶。基生叶具长柄，叶片近心形、肾形至扁圆形，先端钝或急尖，基部近截形、圆形至心形，先端浑圆，边缘浅裂状，腹面绿色，被腺毛，背面通常为红紫色，被腺毛，有斑点，具掌状达缘脉序，叶柄长 1.5～21 cm，被长腺毛。聚伞花序圆锥状，花期和果期均为 4—11 月(图 1-25)。

园林用途：适用于布置花镜；可以在草地边缘、树丛周围及路旁成片栽植用来美化绿化带。

图 1-25 虎耳草

## 6. 大丽花(*Dahlia pinnata* Cav.)

科属：菊科大丽花属。

别名：大理花、天竺牡丹、东洋菊、大丽菊。

形态特征：多年生草本，有巨大棒状块根。茎直立，多分枝，高为 1.5～2 m，粗壮。叶 1～3 回羽状全裂，上部叶有时不分裂，裂片卵形或长圆状卵形，下面灰绿色，两面无毛。头状花序大，有长花序梗，常下垂，宽为 6～12 cm。总苞片外层约 5 个，卵状椭圆形，叶质，内层膜质，椭圆状披针形。舌状花 1 层，为白色、红色或紫色，常呈卵形，顶端有不明显的 3 齿或全缘；管状花黄色，有时在栽培种全部为舌状花。瘦果长圆形，花期为 6—12 月，果期为 9—10 月(图 1-26)。

园林用途：适用于花坛、花径或庭前丛植；矮生品种可作盆栽。

图 1-26 大丽花

### 7. 鸢尾(*Iris tectorum* Maxim.)

科属：鸢尾科鸢尾属。

别名：扁竹花、屋顶鸢尾、蓝蝴蝶。

形态特征：多年生草本，根状茎粗壮，直径约 1 cm，斜伸；叶基生，黄绿色，稍弯曲，中部略宽，宽剑形，长为 15～50 cm，宽为 1.5～3.5 cm，顶端渐尖或短渐尖，基部鞘状，有数条不明显的纵脉。花色为蓝紫色，直径约 10 cm，上端膨大成喇叭形，外花被裂片圆形或宽卵形，蒴果呈长椭圆形或倒卵形(图 1-27)。

园林用途：花坛及庭院绿化的良好材料；也可用作地被植物；有些种类是优良的鲜切花材料。

图 1-27 鸢尾

### 8. 葱兰[*Zephyranthes candida* (Lindl.)Herb.]

科属：石蒜科葱莲属。

别名：玉帘、白花菖蒲莲、韭菜莲。

形态特征：多年生草本。鳞茎卵形，直径约 2.5 cm，具有明显的颈部。叶呈狭线形，肥厚，亮绿色，长为 20～30 cm，宽为 2～4 mm。花茎中空；花单生于花茎顶端，下有带褐红色的佛焰苞状总苞，总苞片顶端 2 裂；花白色，外面常带淡红色；蒴果近球形(图 1-28)。

园林用途：常用作花坛的镶边材料；也适用于绿地丛植；最适合作林下半阴处的地被植物，或于庭院小径旁栽植。

图 1-28　葱兰

### 9. 风信子(*Hyacinthus orientalis*)

科属：风信子科风信子属。

别名：洋水仙、西洋水仙、五色水仙。

形态特征：多年生草本植物。地下鳞茎呈卵形或球形，有膜质外皮。植株高约半尺，叶似短剑，肥厚无柄，4～8 枚，狭披针形，肉质，上有凹沟，绿色有光泽。花茎肉质，从鳞茎抽出，略高于叶，中空，总状花序顶生，周围密布小花 5～20 朵，每花 6 瓣，横向或下倾，漏斗形，花被筒长、基部膨大，裂片为长圆形、反卷，像个卷边的小钟，由下至上逐段开放，并能散发香味。花有紫色、白色、红色、黄色、粉色、蓝色等，还有重瓣、大花、早花和多倍体等品种(图 1-29)。

园林用途：适用于布置花坛、花境和花槽；也可用作切花、盆栽或水养观赏。

图 1-29　风信子

### 10. 百合(*Lilium brownii* var. *viridulum* Baker)

科属：百合科百合属。

别名：强瞿、番韭、山丹、倒仙。

形态特征：多年生球根草本花卉，株高为 40～60 cm，还有高达 1 m 以上的。茎直立，不分枝，草绿色，茎秆基部带红色或紫褐色斑点。地下具鳞茎，鳞茎由 6～8 cm 的肉质鳞片抱合成球形，外有膜质层。单叶，互生，狭线形，无叶柄，直接包生于茎秆上，叶脉平行。花着生于茎秆顶端，呈总状花序，簇生或单生，花冠较大，花筒较长，呈漏斗形喇叭状；花色多为黄色、白色、粉红色、橙红色，有的带紫色或黑色斑点，也有一朵花带多种颜色的，非常美丽(图 1-30)。

园林用途：名贵的切花；也可用作盆栽。

图 1-30　百合

**11. 水仙**(*Narcissus tazetta* L. var. chinensis Roem.)

科属：石蒜科水仙属。

别名：凌波仙子、金盏银台、洛神香妃、玉玲珑、金银台。

形态特征：叶由鳞茎顶端绿白色筒状鞘中抽出花茎（俗称箭）再由叶片中抽出。一般每个鳞茎可抽花茎1～2枝，多者可达8～11枝，伞状花序。花瓣多为6片，末端呈鹅黄色。花蕊外面有一个碗状的保护罩。鳞茎卵状至广卵状球形，外被棕褐色皮膜。叶狭长带状，蒴果室背开裂。花期为春季（图1-31）。

园林用途：盆花，可在客厅、书房、卧室摆放。

图 1-31　水仙

**12. 唐菖蒲**(*Gladiolus gandavensis* Vaniot Houtt)

科属：鸢尾科唐菖蒲属。

别名：菖兰、剑兰、扁竹莲、十样锦、十三太保。

形态特征：多年生草本，球茎扁圆呈球形，外包有棕色或黄棕色的膜质包被。叶基生或在花茎基部互生，剑形，长为40～60 cm，宽为2～4 cm，基部鞘状，顶端渐尖，灰绿色，有数条纵脉及1条明显而突出的中脉。花茎直立，高为50～80 cm，不分枝，花茎下部生有数枚互生的叶；蝎尾状单歧聚伞花序长25～35 cm，每朵花下有2个苞片，膜质，黄绿色，卵形或宽披针形，花色有红色、黄色、紫色、白色、蓝色等单色或复色品种。花期为7—9月（图1-32）。

园林用途：重要的鲜切花，与切花月季、康乃馨和菊花被誉为"世界四大切花"；可作花篮、花束、瓶插；可布置花境及专类花坛；矮生品种可作盆栽观赏。

图 1-32 唐菖蒲

### 13. 美人蕉(*Canna indica* L.)

科属：美人蕉科美人蕉属。

别名：红艳蕉、小花美人蕉、小芭蕉。

形态特征：多年生宿根草本植物，株高可达 1.5 m，全株绿色无毛，被蜡质白粉。具块状根茎。地上枝丛生。单叶互生；具鞘状的叶柄；叶片为卵状长圆形。总状花序，花单生或对生；3 个萼片，绿白色，先端带红色；花冠大多红色，外轮退化雄蕊 2~3 枚，鲜红色；唇瓣披针形，弯曲；蒴果，长卵形，绿色，花期和果期均为 3—12 月(图 1-33)。

园林用途：可盆栽，也可地栽；装饰花坛。

图 1-33 美人蕉

### 14. 马蹄莲[*Zantedeschia aethiopica* (L.) Spreng.]

科属：天南星科马蹄莲属。

别名：慈姑花、水芋、野芋。

形态特征：多年生粗壮草本，具块茎，并容易分蘖形成丛生植物。叶基生，叶下部具鞘；叶片较厚，绿色，呈心状箭形或箭形，先端锐尖、渐尖或具尾状尖头，基部心形或戟形。佛焰苞长为 10~25 cm，管部短，黄色；檐部略后仰，锐尖或渐尖，具锥状尖头，亮白色，有时带绿色。肉穗花序圆柱形，长为 6~9 cm，直径为 4~7 mm，黄色(图 1-34)。

园林用途：切花，常用于制作花束、花篮、花环和瓶插；矮生和小花型品种盆栽用于摆放台阶、窗台、阳台、镜前；马蹄莲配植庭园，丛植于水池或堆石旁。

### 15. 仙客来(*Cyclamen persicum* Mill.)

科属：报春花科仙客来属。

别名：萝卜海棠、兔耳花、兔子花、一品冠。

形态特征：多年生草本植物，叶片由块茎顶部生出，呈心形、卵形或肾形，叶片有细锯齿，叶面绿色，具有白色或灰色晕斑，叶背绿色或暗红色，叶柄较长，红褐色。花葶高为 15～20 cm，裹时不卷缩；花萼通常分裂达基部，裂片三角形或长圆状三角形，全缘；花冠白色或玫瑰红色，喉部深紫色，筒部近半球形，裂片长圆状披针形（图 1-35）。

园林用途：适用于盆栽观赏；可置于室内布置，尤其适宜摆在家中阳光可照到的几架、书桌上。

图 1-34 马蹄莲

图 1-35 仙客来

### 16. 大花蕙兰（*Cymbidium hybridum*）

科属：兰科兰属。

别名：喜姆比兰、虎头兰、黄蝉兰。

形态特征：常绿多年生附生草本，假鳞茎粗壮，节上均有隐芽。芽的大小因节位而异，叶片长披针形，叶色受光照强弱影响很大，根系发达，根多为圆柱状，肉质，粗壮肥大。花序较长，小花数大于 10 朵，花大型，花色有白色、黄色、绿色、紫红色或带有紫褐色斑纹。萼片花瓣状，内轮为花瓣（图 1-36）。

园林用途：适用于盆栽观赏和室内花架、阳台、窗台摆放。

### 17. 蝴蝶兰（*Phalaenopsis aphrodite*）

科属：兰科蝴蝶兰属。

别名：蝶兰。

形态特征：茎很短，常被叶鞘包住。叶片稍肉质，常为 3～4 枚或更多，上面绿色，背面紫色，椭圆形、长圆形或镰刀状长圆形，具短而宽的鞘。花序侧生于茎的基部，长达 50 cm；花序柄绿色，直径为 4~5 mm，被数枚鳞片状鞘；花序轴紫绿色，多少回折状，常具数朵由基部向顶端逐朵开放的花；花苞片卵状三角形，花期为 4—6 月(图 1-37)。

园林用途：适用于鲜切花生产和盆栽观赏。

图 1-36　大花蕙兰

图 1-37　蝴蝶兰

## 18. 春兰(*Cymbidium goeringii*)

科属：兰科兰属。

别名：扑地兰、幽兰、草兰。

形态特征：地生植物，假鳞茎较小，卵球形，包藏于叶基之内。叶为 4~7 片，带形，通常较短小，下部常多少对折而呈 V 形。花葶从假鳞茎基部外侧叶腋中抽出，直立，明显短于叶；花序具单朵花，少有 2 朵；花色泽变化较大，通常为绿色或淡褐黄色且有紫褐色脉纹，有香气；萼片近长圆形至长圆状倒卵形，花瓣倒卵状椭圆形至长圆状卵形，与萼片近等宽，展开或多少围抱蕊柱；唇瓣近卵形，不明显 3 裂；侧裂片直立，具小乳突(图 1-38)。

园林用途：适用于作盆栽观赏，应摆放于室内。

图 1-38　春兰

### 19. 君子兰(*Clivia miniata*)

科属：石蒜科君子兰属。

别名：大花君子兰、大叶石蒜。

形态特征：君子兰根肉质纤维状，为乳白色，十分粗壮。宿存的叶基部扩大互抱成假鳞茎状。叶片从根部短缩的茎上呈二列迭出，排列整齐，宽阔呈带形，顶端圆润，质地硬而厚实，并有光泽及脉纹。基生叶质厚，叶形似剑，叶片革质，深绿色，具光泽，带状，下部渐狭，互生排列，全缘。花葶自叶腋中抽出，花茎约为 2 cm；小花有柄，在花顶端呈伞形排列，花漏斗状，直立，黄色或橘黄色、橙红色。伞形花序顶生，花直立，有数枚覆瓦状排列的苞片，每个花序上有7～30朵小花，多的可达40朵以上。花被裂片6，合生(图1-39)。

园林用途：重要的节庆花卉、盆栽。

图 1-39　君子兰

### 20. 红掌(*Anthurium andraeanum*)

科属：天南星科花烛属。

别名：花烛、安祖花。

形态特征：多年生常绿草本植物，茎节短；叶自基部生出，绿色，革质，全缘，长圆状心形或卵心形，叶柄细长。佛焰苞平出，卵心形，革质并有蜡质光泽，橙红色或猩红色；肉穗花序长为5～7 cm，黄色，可常年开花不断(图1-40)。

园林用途：优质的鲜切花材料。

图 1-40　红掌

### 21. 长寿花(*Narcissus jonguilla* L.)

科属：景天科伽蓝菜属。

别名：红落地生根、圣诞伽蓝菜。

形态特征：多年生肉质草本。株高为 10～30 cm。茎直立。单叶对生，椭圆形，缘具钝齿。聚伞花序；小花橙红色至绯红色。蓇葖果。种子多数。花期为 2—5 月(图 1-41)。

园林用途：花色丰富，是令人喜爱的室内盆栽花卉，也适用于摆放在公共场所的花坛、橱窗和大厅等。

图 1-41　长寿花

### 22. 丽格海棠(*Begonia elatior*)

科属：秋海棠科秋海棠属。

别名：玫瑰海棠。

形态特征：丽格海棠为须根系，株形丰满，单叶互生，不对称心形，叶色多翠绿，少有红棕色。花形多样，多为重瓣。花色丰富，有红色、橙色、黄色、白色等，花朵硕大，色彩艳丽，具有独特的姿、色、香；而且花期长，盛花期为 4—6 月和 9—12 月(图 1-42)。

园林用途：冬季美化室内环境的优良品种，也是四季室内观花植物的主要种类之一。

图 1-42　丽格海棠

### 23. 花叶万年青(*Dieffenbachia picta* Lodd.)

科属：天南星科花叶万年青属。

别名：黛粉叶。

形态特征：常绿灌木状草本，茎干粗壮多肉质，株高可达 1.5 m。叶片大且光亮，着生于茎干上部，椭圆状、卵圆形或宽披针形，先端渐尖，全缘，长为 20～50 cm、宽为 5～15 cm；宽大的叶片两面深绿色，其上镶嵌着密集、不规则的白色、乳白色、淡黄色等色彩不一的斑点、斑纹或斑块；叶鞘近中部下具叶柄。花梗由叶梢中抽出，短于叶柄，花单性，佛焰花序，佛焰苞呈椭圆形，下部呈筒状(图 1-43)。

园林用途：幼株小盆栽，可置于案头、窗台观赏；中型盆栽可放在客厅墙角、沙发边作为装饰；在现代建筑中配置光度较低的公共场所。

图 1-43 花叶万年青

### 24. 肾蕨（*Nephrolepis auriculata*）

科属：肾蕨科肾蕨属。

别名：蜈蚣草、篦子草、石黄皮、圆羊齿。

形态特征：多年生草本。株高为 30～50 cm，根状茎有直立的主轴，主轴上长出匍匐茎，匍匐茎的短枝上生小块茎，主轴和根状茎上密生钻状披针形鳞片。叶簇生，无毛，叶片披针形，一回羽状，羽片无柄，基部圆形，其上方呈耳形。孢子囊群背生上侧小脉顶端，囊群盖肾形（图 1-44）。

园林用途：盆栽可点缀书桌、茶几、窗台和阳台，也可用吊盆悬挂于客室和书房。在园林中可作阴性地被植物或布置在墙角、假山和水池边。其叶片可作切花、插瓶的陪衬材料。欧美人习惯将肾蕨加工成干叶并染色，成为新型的室内装饰材料。

图 1-44 肾蕨

### 25. 铁线蕨（*Adiantum capillus-veneris* L.）

科属：铁线蕨科铁线蕨属。

别名：铁丝草、少女的发丝、铁线草。

形态特征：中小型陆生蕨，株高为 15～40 cm。叶远生，叶干后薄草质，草绿色或褐绿色，两面均无毛。根状茎横生，密生棕色鳞毛，叶柄细长而坚硬，似铁线，故名铁线蕨。叶片卵状三角形，2～4 回羽状复叶，细裂，叶脉扇状分叉，叶长为 10～30 cm，小羽片斜扇形，深绿色。孢子囊群生于羽片的顶端。囊群为淡黄绿色，老时为棕色，膜质（图 1-45）。

园林用途：小盆栽可置于案头、茶几上；较大盆栽可用以布置背阴房间的窗台、过道或客厅，能够较长期供人欣赏。叶片还是良好的切叶材料及干花材料。

图1-45 铁线蕨

## 26. 绿萝（*Epipremnum aureum*）

科属：天南星科麒麟叶属。

别名：石柑子、黄金葛、抽叶藤、魔鬼藤。

形态特征：蔓性多年生草本，略带木质的附本藤本，攀缘向上可达5 m。茎粗为1～2 cm，茎叶肉质，以攀缘茎附生于它物上，多分枝，有发达的气根。叶片为宽椭圆形，叶宽30 cm左右，盆栽叶宽10～20 cm，腊质，暗绿色有金黄色不规则的斑块或条纹，光洁挺拔。大株有花，果实成熟时为红色浆果(图1-46)。

园林用途：优良的观叶植物，既可让其攀附于圆柱、树干上，摆于门厅、宾馆，也可培养成悬垂状置于书房、窗台、墙面、墙垣，也可用于林荫下做地被植物。

图1-46 绿萝

## 27. 非洲菊（*Gerbera jamesonii* Bolus）

科属：菊科大丁草属。

别名：扶郎花。

形态特征：多年生被毛草本植物。根状茎短，为残存的叶柄所围裹，具较粗的须根；叶基生，莲座状，叶片长椭圆形至长圆形，顶端短尖或略钝，叶柄具粗纵棱，多少被毛；花葶单生，无苞叶；毛于顶部最稠密，头状花序单生于花葶之顶；总苞钟形，花托扁平，裸露，蜂窝状；花冠管短，花药具长尖的尾部。花期为11月至翌年4月(图1-47)。

园林用途：理想的切花花卉；也适用于盆栽观赏，装饰厅堂、门侧，点缀窗台、案头。在温暖地区，如中国华南地区，将非洲菊作宿根花卉，应用于庭院丛植、布置花境、装饰草坪边缘等均有极好的效果。

图 1-47 非洲菊

### 28. 金鱼草(*Antirrhinum majus* L.)

科属：玄参科金鱼草属。

别名：金色花、龙口花。

形态特征：多年生草本，为一年生切花栽培，植株茎直立，株高为 30～90 cm，有腺毛。叶披针形或矩圆针形，全缘，光滑，长为 2～7 cm，宽为 0.5 cm，下部叶对生，上部互生。总状花序顶生，长达 25 cm 以上，花冠筒状唇形，外披绒毛，花色有白色、黄色、红色、紫色或复色等；蒴果卵形，孔裂，种子细小(图 1-48)。

园林用途：适合群植于花坛、花境，与百日草、矮牵牛、万寿菊、一串红等配置效果尤佳。高性品种可用作背景种植，矮性品种宜植于岩石或窗台花池，或在边缘种植。此花也可作鲜切花用。

图 1-48 金鱼草

### 29. 鹤望兰(*Strelitzia reginae* Aiton)

科属：旅人蕉科鹤望兰属。

别名：天堂鸟、极乐鸟。

形态特征：多年生常绿草本植物，植株高为 1～2 cm，宿根粗大，肉质。茎短缩不明显；叶基生，两侧排列，大而挺秀，长约为 40 cm，宽约为 15 cm，形似美人蕉，具长柄，质地坚硬。花梗从植株中部或叶腋中抽出，高于叶片。总苞片长为 15 cm，紫色，边缘呈暗红色晕；花 6～8 朵，均露出苞片之外，顺序开放，花被 3 片，天蓝色，外部萼片橙红色或橙黄色。花期为冬季(图 1-49)。

园林用途：主要做切花；中国南方大城市的公园、花圃有栽培，北方则为温室栽培，可丛植于院角，用于庭院造景和花坛、花境的点缀。

图 1-49　鹤望兰

### 30. 郁金香(*Tulipa gesneriana* L.)

科属：百合科郁金香属。

别名：洋荷花、草麝香。

形态特征：多年生草本。鳞茎偏圆锥形，直径为 2~3 cm，外被淡黄色至棕褐色皮膜，内有肉质鳞片 2~5 片。茎叶光滑，被白粉。叶 3~5 枚，带状披针形至卵状披针形，全缘并成波形，常有毛，其中 2~3 枚宽广而基生。花单生茎顶，大型，直立杯状，洋红色，鲜黄色至紫红色，基部具有墨紫斑，花被片 6 枚，离生，倒卵状长圆形，花期为 3—5 月(图 1-50)。

园林用途：是优良的鲜切花品种。

图 1-50　郁金香

### 31. 圆锥石头花(*Gypsophila paniculata* L.)

科属：石竹科石头花属。

别名：满天星、丝石竹、霞草。

形态特征：多年生草本植物，根粗壮。茎单生，直立，多分枝。叶片披针形或线状披针形，顶端渐尖，中脉明显。圆锥状聚伞花序多分枝，花小而多；花梗纤细，苞片三角形，花萼宽钟形，花瓣白色或淡红色，匙形。蒴果球形，种子小，圆形。花期为 6—8 月，果期为 8—9 月(图 1-51)。

园林用途：世界上用量最大的配花材料，被广泛应用于鲜切花，是常用的插花材料。

图 1-51　圆锥石头花

**32. 深波叶补血草[*Limonium sinense* (Girard) Kuntze]**

科属：白花丹科补血草属。

别名：勿忘我。

形态特征：多年生草本花卉，株高为 15～60 cm，全株（除萼外）无毛。叶基生，倒卵状长圆形，先端通常钝或急尖，下部渐狭成扁平的柄。花序伞房状或圆锥状；花序轴通常为 3～5(10)枚，上升或直立，具 4 个棱角或沟棱，穗状花序有柄至无柄，排列于花序分枝的上部至顶端，由 2～6(11)个小穗组成；小穗含 2～3(4)花，花冠黄色。花朵细小，干膜质，色彩淡雅，观赏时期长。花期在北方 7(上旬)—11 月(中旬)，在南方 4—12 月(图 1-52)。

园林用途：与满天星一样，是重要的配花材料。

图 1-52　深波叶补血草

**33. 荷花(*Nelumbos p*)**

科属：睡莲科莲属。

别名：莲花、水芙蓉、藕花、芙蕖、水芝。

形态特征：多年生水生草本花卉。地下茎长而肥厚，有长节，叶盾圆形。花期为 6—9 月，单生于花梗顶端，花瓣多数，嵌生在花托穴内，有红色、粉红色、白色、紫色等，或有彩纹、镶边。坚果呈椭圆形，种子呈卵形(图 1-53)。

园林用途：作专类园、主题水景、盆栽盆景、插花。

图 1-53　荷花

### 34. 睡莲（*Nymphaea tetragona*）

科属：睡莲科睡莲属。

别名：子午莲、水芹花。

形态特征：多年生水生花卉。根状茎粗短。叶丛生，具细长叶柄，浮于水面，低质或近革质，近圆形或卵状椭圆形，直径为 6～11 cm，全缘，无毛，上面浓绿，幼叶有褐色斑纹，下面暗紫色。花单生于细长的花柄顶端，多白色，漂浮于水，直径为 3～6 cm。萼片为 4 枚，宽披针形或窄卵形。聚合果球形，内含多数椭圆形黑色小坚果。花期为 5（中旬）—9 月，果期为 7—10 月（图 1-54）。

园林用途：许多公园水体栽培作为观赏植物。

图 1-54　睡莲

### 35. 王莲（*Victoria Warren*）

科属：睡莲科王莲属。

形态特征：多年生或一年生大型浮叶草本植物，有直立的根状短茎和发达的不定须根，白色。拥有巨型奇特似盘的叶片，浮于水面，十分壮观，并以它娇容多变的花色和浓厚的香味闻名于世。夏季开花，单生，浮于水面，初为白色，次日变为深红色而枯萎（图 1-55）。

园林用途：现代园林水景中必不可少的观赏植物，既具有很高的观赏价值，又能净化水体。

### 36. 凤眼莲[*Eichhornia crassipes* (Mart.) Solms]

科属：雨久花科凤眼莲属。

别名：水浮莲、水葫芦。

形态特征：多年生宿根浮水草本植物，叶单生，叶片基本为荷叶状，叶顶端微凹，圆形略扁；秆（茎）灰色，泡囊稍带红色，嫩根为白色，老根偏黑色；花为浅蓝色，呈多棱喇叭状，花瓣上生有黄色斑点，看上去既像凤眼也像孔雀羽翎尾端的花点，非常耀眼、靓丽（图1-56）。

园林用途：监测环境污染的良好植物，它除了可监测水中是否有砷存在，还可净化水中汞、镉、铅等有害物质，以及含有机物较多的工业废水或生活污水。

图 1-55 王莲

图 1-56 凤眼莲

### 37. 观音莲（*Sempervivum tectorum*）

科属：景天科长生草属。

别名：长生草、观音座莲、佛座莲。

形态特征：多肉植物，叶片莲座状环生，其株形端庄，犹如一朵盛开的莲花。叶片扁平细长，叶端渐尖，叶缘有小绒毛，充分光照下，叶端形成非常漂亮的咖啡色或紫红色；若光照不充足，则叶端只为深绿色（图1-57）。

园林用途：可用中小盆种植，用来布置书房、客厅、卧室和办公室等处。

图 1-57 观音莲

**38. 玉露**(*Haworthia cooperi* Baker)

科属：阿福花科十二卷属。

别名：水晶掌。

形态特征：多年生肉质草本植物，植株初为单生，后逐渐呈群生状。肉质叶呈紧凑的莲座状排列，叶片肥厚饱满，翠绿色，上半段呈透明或半透明状，称为"窗"，有深色的线状脉纹，在阳光较为充足的条件下，其脉纹为褐色，叶顶端有细小的"须"。花葶腋生，总状花序，小花为白色(图1-58)。

园林用途：可以中小盆种植，用来布置书房、客厅、卧室和办公室等处。

图 1-58 玉露

**39. 仙人掌**(*Opuntia stricta*)

科属：仙人掌科仙人掌属。

形态特征：丛生肉质灌木，株高为1.5～3 m。上部分枝宽呈倒卵形，绿色至蓝绿色，无毛；刺黄色，有淡褐色横纹，坚硬；倒刺直立。萼状花被黄色，具绿色中肋；浆果为倒卵球形，顶端凹陷，表面平滑无毛，紫红色，倒刺刚毛和钻形刺。种子多数，扁圆形，边缘稍不规则，无毛，淡黄褐色。花期为6—10月(图1-59)。

园林用途：通常栽作围篱，茎可供药用，浆果酸甜可食。

图 1-59 仙人掌

**40. 光棍树**(*Euphorbia tirucalli* Linn)

科属：大戟科大戟属。

别名：绿玉树。

形态特征：原产于非洲的热带干旱地区。为了减少水分蒸发，叶子逐渐退化，甚至消失；树枝变成绿色，代替叶子进行光合作用。因其树形奇特，无刺无叶，被人们称作"光棍树"。其茎干中的白色乳汁可以制取石油（图1-60）。

园林用途：作为行道树（南方）或温室栽培观赏（北方）。

图1-60 光棍树

### 41. 芦荟[*Aloe vera*(Haw.)Berg]

科属：百合科芦荟属。

别名：油葱、洋芦荟。

形态特征：多年生常绿多肉质草本植物。叶簇生，呈座状或生于茎顶，叶常披针形或叶短宽，边缘有尖齿状刺。花序为伞形、总状、穗状、圆锥形等，色呈红色、黄色或具赤色斑点，花瓣为6片、雌蕊为6枚。花被基部多连合成筒状（图1-61）。

园林用途：室内盆栽植物中的佳品。

图1-61 芦荟

### 42. 金琥(*Echinocactus grusonii*)

科属：仙人掌科金琥属。

别名：象牙球、金琥仙人球。

形态特征：多年生草本多浆植物。茎圆球形，肉质。植株球体高可达1.3 m，植株生长缓慢，球体上有棱沟宽且深，排列非常整齐。密生金黄色扁平尖刺，辐射刺球顶部密被金黄色绵毛。花着生球茎顶部，钟形，花筒被尖鳞片，果被鳞片。花期为6—10月（图1-62）。

园林用途：盆栽可长成规整的大型标本球，用来点缀厅堂，是室内盆栽植物中的佳品。

图 1-62　金琥

## 知识拓展

### 常见多年生花卉的植物文化

菊花：菊花在中国十大名花中排名第三，是花中四君子(梅兰竹菊)之一，也是世界四大切花(菊花、月季、康乃馨、唐菖蒲)之一，产量居首。中国人有重阳节赏菊和饮菊花酒的习俗。菊花是中国北京、太原、德州、芜湖、中山、湘潭、开封、南通、潍坊、彰化市市花。菊花在秋季开放，故为秋的象征，人们把九月称"菊月"，"九"又与"久"同音，所以，菊花也用来象征长寿或长久。

大丽花：原产于墨西哥，墨西哥人将它视为大方、富丽的象征，因此尊它为国花。它也是吉林省的省花，还是河北省张家口市、甘肃武威市和内蒙古赤峰市的市花。花语为感激、新鲜、大吉大利。

香石竹：最重要的切花之一，尤系冬季重要切花。花语是母爱，是母亲节的节日用花。

风信子：风信子有很多颜色，不同的颜色花语有所区别。如蓝色的风信子的花语是生命；紫色的风信子的花语是悲伤、妒忌、忧郁的爱、后悔；白色的风信子的花语是恬适、不敢表露的爱、暗恋；红色的风信子的花语是感谢你，让我感动的爱(你的爱充满我心中)。

百合：一种受人喜爱的世界名花，因其鳞茎由许多白色鳞片层环抱而成，状如莲花，因而取"百年好合"之意命名，在中国，百合具有百年好合、美好家庭、伟大的爱的含意，有深深祝福的意义。百合原种有120种左右，其中36种115个变种为中国特有，用于园艺育种和栽培的有40～50种，而用于商品化生产的只有20种左右。

水仙花：在中国已有一千多年的栽培历史，为传统观赏花卉，是中国十大名花之一。水仙别名金盏银台，花如其名，绿裙、青带，亭亭玉立于清波之上。素洁的花朵超尘脱俗，高雅清香，格外动人，宛若凌波仙子踏水而来。水仙花的花语为纯洁和吉祥，水仙花在过年时象征思念，表示团圆。

荷花：荷花全身皆宝，藕和莲子能食用，莲子、根茎、藕节、荷叶、花及种子的胚芽等都可入药。其"出淤泥而不染，濯清涟而不妖，中通外直，不蔓不枝"的高尚品格，历来为古往今来诗人墨客歌咏绘画的题材之一。荷花象征清白、高尚而谦虚（高风亮节）、坚贞、纯洁、无邪、清正的品质。

兰花：中国人历来把兰花看作高洁典雅的象征，并与"梅、竹、菊"并列，合称"四君子"。通常以"兰章"喻诗文之美，以"兰交"喻友谊之真。

## 任务实施

经过以上的学习，同学们可以一起来识别校园内的多年生花卉，以3~5人一组，通过观察分析并对照识别手册或相关专业书籍，记载花卉主要观赏部位的形态，并记忆花卉中文名和学名，归纳其所属类别，且能正确区分是哪一类多年生花卉。

待识别完成后，将相关信息填入表1-2中。

表1-2　花卉分类与识别记载表

| 序号 | 花卉植物名称 | 科或属名 | 主要识别特征 | 生长环境 | 生长状况 | 园林应用 |
|---|---|---|---|---|---|---|
|  |  |  |  |  |  |  |
|  |  |  |  |  |  |  |
|  |  |  |  |  |  |  |
|  |  |  |  |  |  |  |
|  |  |  |  |  |  |  |
|  |  |  |  |  |  |  |

## 课后练习

什么是多年生花卉？请列举出5种以上的宿根、球根、水生和多肉花卉。

## 任务三  木本花卉识别

### 任务导入

请通过本任务的学习，列举出10种生活中常见的木本花卉，了解其形态特征、生活习性并讨论其园林用途。

### 知识准备

木本花卉是指花、叶、果、枝或全株可供观赏的木本植物。

#### 一、木本花卉的分类

根据形态可分为以下三类。

**1. 乔木类**

地上部有明显的主干，主干与侧枝区别明显，如茶花、桂花、梅花、樱花等。

**2. 灌木类**

地上部无明显主干，由基部发生分枝，各分枝无明显区分呈丛生状枝条的花卉，如牡丹、月季、蜡梅、栀子花、贴梗海棠等。

**3. 藤木类**

茎细长木质，不能直立，需缠绕或攀缘其他物体上生长的花卉，如紫藤花、凌霄、络石等。

#### 二、常见木本花卉的识别

**1. 牡丹($Paeonia\ suffruticosa$ Andr.)**

科属：毛茛科芍药属。

别名：木芍药、百雨金、洛阳花。

形态特征：为多年生落叶灌木。株高达2 m；分枝短而粗。叶通常为二回三出复叶，偶尔近枝顶的叶为3小叶；顶生小叶为宽卵形，表面绿色，无毛，背面为淡绿色，有时具白粉色，侧生小叶为狭卵形或长圆状卵形，叶柄长为5~11 cm，和叶轴均无毛。花单生枝顶，苞片5，长椭圆形；萼片5，绿色，宽卵形，5片花瓣或为重瓣，玫瑰色、红紫色、粉红色至白色，通常变异很大，倒卵形，顶端呈不规则的波状；花药长圆形，长为4 mm；花盘革质，杯状，紫红色；心皮5，密生柔毛。蓇葖长圆形，密生黄褐色硬毛。花期为5月；果期为6月(图1-63)。

园林用途：常作为专类园栽植；也可用于盆栽。

**2. 月季($Rosa\ chinensis$)**

科属：蔷薇科蔷薇属。

别名：长春花、月月红、斗雪红、瘦客。

形态特征：常绿或落叶灌木，直立，茎具钩刺或无刺，小枝绿色，茎具钩刺或无刺，也有几乎无刺的。小叶3～5(7)，多数羽状复叶，宽卵形或卵状长圆形，长为2.5～6 cm，先端渐尖，具尖齿，叶缘有锯齿，两面无毛，光滑；托叶与叶柄合生，全缘或具腺齿，顶端分离为耳状。花朵常簇生，花色甚多，色泽各异，径长为4～5 cm，多为重瓣，也有单瓣的。花期为4—11月（图1-64）。

园林用途：适用于布置花坛、花境、庭院花材；可用来制作月季盆景；也作鲜切花。

图1-63 牡丹

图1-64 月季

### 3. 茉莉花[*Jasminum sambac* (L.) Ait]

科属：木樨科茉莉属。

别名：茉莉、香魂、莫利花、木梨花。

形态特征：常绿小灌木或藤本状灌木，枝条细长，略呈藤本状，株高可达1 m。小枝有棱角，有时有毛。单叶对生，光亮，宽卵形或椭圆形，叶脉明显，叶面微皱，叶柄短而向上弯曲，有短柔毛。初夏由叶腋抽出新梢，聚伞花序，顶生或腋生，有花3～9朵，花冠白色，极芳香。花期为6—10月，由初夏至晚秋开花不绝（图1-65）。

园林用途：常见庭园及盆栽观赏芳香花卉；还可加工成花环等装饰品。

### 4. 迎春(*Jasminum nudirlorum*)

科属：木樨科茉莉属。

别名：金腰带、大叶迎春、迎春柳。

形态特征：落叶灌木。老枝灰褐色，嫩枝绿色，枝条细长，四棱形。叶对生，小叶

3枚或单叶。花着生叶腋，黄色，花冠5裂，先叶开放，具有清香。花期为3—5月。浆果为黑紫色(图1-66)。

园林用途：宜配置在湖边、溪畔、桥头、墙隅；在草坪、林缘、坡地，也可在房屋周围栽植。

图1-65　茉莉花

图1-66　迎春

### 5. 杜鹃花(*Rhododendron simsii* Planch.)

科属：杜鹃花科杜鹃花属。

别名：映山红、山石榴。

形态特征：常绿灌木，分枝多而纤细，密被亮棕褐色扁平糙伏毛。叶革质，常集生枝端、卵形、椭圆状卵形，先端短渐尖，基部楔形或宽楔形，边缘微反卷，具有细齿，上面深绿色，疏被糙伏毛，下面为淡白色，密被褐色糙伏毛，中脉在上面凹陷，下面凸出；叶柄长为2～6 mm，密被亮棕褐色扁平糙伏毛。花2～6朵簇生于枝顶；花梗长为8 mm，密被亮棕褐色，糙伏毛。花期为4—5月，果期为6—8月(图1-67)。

园林用途：优良的盆景材料；园林中最宜在林缘、溪边、池畔及岩石旁成丛成片栽植，也可于疏林下散植；也是花篱的良好材料；杜鹃专类园；栽种在庭园中作为矮墙或屏障。

### 6. 栀子花(*Gardenia jasminoides*)

科属：茜草科栀子属。

别名：黄栀子、金栀子、银栀子、山栀花。

形态特征：四季常绿灌木花卉。株高约为1 m，叶对生或3叶轮生，有短柄，叶片革质，倒卵形或矩圆状倒卵形，顶端渐尖，稍钝头，表面有光泽，仅下面脉腋内簇生短毛，托叶鞘状。花大，白色，气味芳香，有短梗，单生枝顶。花期较长，5—6月连续开花（图1-68）。

园林用途：可成片丛植或配置于林缘、庭前、庭隅、路旁；植作花篱；作阳台绿化、盆花、切花或盆景；也可用于街道和厂矿绿化。

图1-67 杜鹃花

图1-68 栀子花

### 7. 木槿（*Hibiscus syriacus* L.）

科属：锦葵科木槿属。

别名：白饭花、篱障花、鸡肉花、朝开暮落花。

形态特征：落叶灌木或小乔木。株高为3~6 m，茎直立，多分枝，稍披散，树皮灰棕色，枝干上有根须或根瘤，幼枝被毛，后渐脱落。单叶互生，叶呈卵形或菱状卵形，有明显的三条主脉，而常3裂，下面有毛或近无毛，叶柄长为2~3 cm；托叶早落。花单生于枝梢叶腋，5片花瓣，花形有单瓣、重瓣之分，花色为浅蓝紫色、粉红色和白色。花期为6—9月（图1-69）。

园林用途：适用于公共场所花篱、绿篱及庭院布置；也很适宜墙边、水滨种植。

### 8. 扶桑（*Hibiscus rosa－sinensis* L.）

科属：锦葵科木槿属。

别名：大红花、红木槿、月月红、木花、公鸡花。

形态特征：常绿灌木，高为1~3 m；小枝圆柱形，疏被星状柔毛。叶阔卵形或狭卵形，两面除背面沿脉上有少许疏毛外均无毛。花单生于上部叶腋间，常下垂；花冠漏斗形，直径为6~10 cm，玫瑰红色或淡红色、淡黄色等，花瓣倒卵形，先端圆，外面疏被柔毛。蒴果卵形，长约为 2.5 cm，平滑无毛，有喙。花期为全年(图 1-70)。

园林用途：多散植于池畔、亭前、道旁和墙边；盆栽适用于客厅和入口处摆设。

图 1-69　木槿

图 1-70　扶桑

### 9. 三角梅(*Bougainvillea spectabilis* Willd)

科属：紫茉莉科叶子花属。

别名：南美紫茉莉、毛宝巾、洋紫茉莉、三角花、九重、叶子花。

形态特征：常绿攀缘状灌木。枝具刺、拱形下垂。单叶互生，卵形或卵状披针形，全缘。花顶生，通常3朵簇生于叶状苞片内，苞片为卵圆形，紫红色，为主要观赏部位(图 1-71)。

园林用途：适宜在庭园中种植或作盆栽观赏；还可作盆景、绿篱。

图 1-71　三角梅

### 10. 梅花(*Prunus mume*)

科属：蔷薇科李属。

别名：春梅、干枝梅、红绿梅、红梅、绿梅。

形态特征：木本花卉。株高约为 10 m，干呈褐紫色，多纵驳纹。小枝呈绿色。叶片广卵形至卵形，边缘具细锯齿。花每节 1～2 朵，无梗或具短梗，原种呈淡粉红色或白色，栽培品种则有紫色、红色、彩斑至淡黄色等花色，于早春先叶而开（图 1-72）。

园林用途：适于种在园林、绿地、庭园、风景区；可孤植、丛植、群植等；也可屋前、坡上、石际、路边自然配植；可布置成梅岭、梅峰、梅园、梅溪、梅径、梅坞等；可成片丛植，也可作盆景和鲜切花。

图 1-72　梅花

### 11. 樱花（*Cerasus sp.*）

科属：蔷薇科樱属。

别名：东京樱花、日本樱花。

形态特征：落叶乔木。树冠卵圆形至圆形，单叶互生，具腺状锯齿，花单生枝顶或 3～6 簇生，呈伞形或伞房状花序，与叶同时生出或先叶后花，萼筒为钟状或筒状，栽培品种多为重瓣；果红色或黑色，花期为 3—4 月（图 1-73）。

园林用途：可群植；可植于山坡、庭院、路边、建筑物前；可大片栽植造成"花海"景观；可三五成丛点缀于绿地形成锦团；也可孤植；还可作小路行道树、绿篱或用来制作盆景。

图 1-73　樱花

### 12. 紫薇（*Lagerstroemia indica*）

科属：千屈菜科紫薇属。

别名：百日红、满堂红、痒痒树。

形态特征：落叶灌木或小乔木。枝干多扭曲；树皮淡褐色，薄片状，剥落后特别光滑。小枝四棱，无毛。单叶对生或近对生，椭圆形至倒卵状椭圆形。花为淡红色，径为 3～4 cm，成顶生圆锥花序。花期为 6—9 月。蒴果近球形，径约为 1.2 cm，成熟期为 10—11 月（图 1-74）。

园林用途：可栽植于建筑物前、院落内、池畔、河边、草坪旁及公园中小径两旁；也是做盆景的好材料。

图 1-74　紫薇

### 13. 夹竹桃（*Nerium indicum* Mill）

科属：夹竹桃科夹竹桃属。

别名：柳叶桃、半年红。

形态特征：常绿大灌木，高达 5 m，无毛。叶 3～4 枚轮生，在枝条下部为对生，窄披针形，全绿，革质。夏季开花，花为桃红色或白色，呈顶生的聚伞花序；花萼直立。花期为 6—10 月，是有名的观赏花卉（图 1-75）。

园林用途：夹竹桃有抗烟雾、抗灰尘、抗毒物和净化空气、保护环境的能力，常在公园、风景区、道路旁或河旁、湖旁周围栽植。

图 1-75　夹竹桃

### 14. 海棠花（*Malus spectabilis*）

科属：蔷薇科海棠属。

别名：梨花海棠、木瓜。

形态特征：落叶小乔木，树皮灰褐色，光滑。叶互生，椭圆形至长椭圆形，先端略为渐尖，基部楔形，边缘有平钝齿，表面深绿色而有光泽，背面灰绿色并有短柔毛，叶柄细长，基部有两个披针形托叶。花 5～7 朵簇生，伞形总状花序，未开时为红色，开后渐变为粉红色，多为半重瓣，少有单瓣花。花期为 4—5 月。梨果球形，黄绿色（图 1-76）。

园林用途：制作盆景的材料，切枝可供瓶插及其他装饰之用；适用于城市街道绿地和矿区绿化；宜孤植于庭院前后，对植于天门厅入口处，丛植于草坪角隅或与其他花木相配植；也可矮化盆栽。

图 1-76　海棠花

### 15. 丁香(*Syringa oblata* LindL.)

科属：木樨科丁香属。

别名：紫丁香。

形态特征：落叶灌木或小乔木，因花筒细长如钉且香得名。株高为 2～8 m，叶对生，全缘或有时具裂，罕为羽状复叶。花两性，呈顶生或侧生的圆锥花序。花紫色、淡紫色或蓝紫色，也有白色、紫红色及蓝紫色，以白色和紫色为居多(图 1-77)。

园林用途：适用于种在庭园、居住区、医院、学校、幼儿园或其他园林、风景区；可孤植、丛植或在路边、草坪、角隅、林缘成片栽植，也可与其他乔木、灌木尤其是常绿树种配植；个别种类可作花篱；可盆栽或作盆景。

图 1-77　丁香

### 16. 山茶花(*Camellia sp.*)

科属：山茶科山茶属。

别名：曼陀罗树、薮春、山椿、山茶、晚山茶、茶花、洋茶。

形态特征：灌木或小乔木。株高为 3～4 m，高的可达几十米，矮的仅几十厘米。小枝黄褐色。叶互生，卵圆形至椭圆形，边缘具细锯齿。花单生或成对生于叶腋或枝顶；花径为 5～6 cm，有白色、红色、淡红色等；花瓣为 5～7 枚。花期长，多数品种为 1～2 个月，单朵花期一般为 7～15 天。花期为 2—3 月(图 1-78)。

园林用途：宜盆栽，用来布置厅堂、会场效果甚佳，常用的造景材料；也可用来作为鲜切花和插花；也可植于专类园中。

· 46 ·

图 1-78　山茶花

### 17. 桂花（*Opsmanthus fragrans* Lours.）

科属：木樨科木樨属。

别名：木樨、岩桂、九里香。

形态特征：常绿阔叶乔木，株高达 2～3 m，树冠可达 2～3 m。树皮粗糙，灰褐色或灰白色，有时显出皮孔。常呈灌木状，密植或修剪后，则可形成明显主干。桂花分枝性强且分枝点低，特别在幼年尤为明显，因久常呈灌木状。叶对生，椭圆形、卵形至披针形，全缘或上半部疏生细锯齿。花簇生叶腋生成聚伞状，花小，黄白色，极芳香。花期为 9—10 月（图 1-79）。

园林用途：作为观赏、美化、香化、食用和药用等多种用途的经济树种，公园、风景区、学校、道路等皆可见其绰约身姿，孤植、对植种于庭院前，或列植作为行道树，或群植作为风景林、绿化带。

图 1-79　桂花

### 18. 蜡梅（*Chimonanthus praecox*）

科属：蜡梅科蜡梅属。

别名：金梅、蜡梅、蜡花、黄梅花。

形态特征：落叶灌木，常丛生。叶对生，椭圆状卵形至卵状披针形，花着生于第二年生枝条叶腋内，先花后叶，芳香；花被片圆形、椭圆形或匙形，无毛，花丝比花药长或等长，冬末先叶开花（图 1-80）。

园林用途：应用于城乡园林建设，如片状栽植、主景配置、混栽配置、岩石假山配置。

图 1-80 蜡梅

**19. 散尾葵(*Chrysalidocarpus lutescens* H. Wendl.)**

科属：棕榈科散尾葵属。

别名：黄椰子。

形态特征：常绿灌木或小乔木。株高为 3~8 m，丛生，基部分蘖较多。茎干光滑，黄绿色，叶痕明显，似竹节。羽状复叶，平滑细长，叶柄尾部稍弯曲，亮绿色。小叶线形或披针形，长约为 30 cm，宽为 1~2 cm。果实紫黑色(图 1-81)。

园林用途：多作观赏树栽种于草地、树荫、住宅旁；北方地区主要用来作为盆栽，是布置客厅、餐厅、会议室、家庭居室、书房、卧室和阳台的高档盆栽观叶植物。

图 1-81 散尾葵

**20. 马拉巴栗(*Pachira glabra* Pasq.)**

科属：木棉科瓜栗属。

别名：发财树、中美木棉。

形态特征：常绿乔木，树高可达 10 m。掌状复叶互生，叶柄长为 10~28 cm；小叶 5~9 枚，叶长椭圆形、全缘，叶前端尖，长为 10~22 cm，羽状脉，小叶柄短。花单生于叶腋，有小苞片 2~3 枚，花朵淡黄色(图 1-82)。

园林用途：可以用作桩景树、庭荫树、行道树；小型树叶可以作为盆栽放入客厅和书房。

**21. 堇花槐(*Robinia pseudoacacia* cv. idaho)**

科属：豆科槐属。

别名：富贵树。

形态特征：中等落叶乔木，株高达 15 m，树皮浅灰色，深纵裂。2～3 回羽状复叶，叶轴长约为 30 cm，无毛。中叶对生，呈卵形或卵状披针形，长为 4 cm～7 cm，先端长尾尖，基部楔形，全缘，两面无毛或极短毛，密生黑色小腺点，侧生小叶柄短，叶柄无毛。花夜开性。花序直立，圆锥花序顶生，长为 25～35 cm，径为 30 cm，苞片线状披针形、早落(图 1-83)。

园林用途：优良的行道树；小型树叶可以作为盆栽放入客厅和书房。

图 1-82　马拉巴栗

图 1-83　蕫花槐

## 22. 龙血树[*Dracaena draco*(L.)L.]

科属：龙舌兰科龙血树属。

别名：龙树。

形态特征：龙血树属所有植物的统称，主要可分为两个族群：一类为乔木，有树干和扁平的革质叶，通常生长在干旱的半沙漠区域，被通称为龙血树；另一类为灌木，细茎，带状叶，一般生长在热带雨林中，通常作为观赏栽培植物。常绿小灌木，株高可达 4 m，皮灰色。叶无柄，密生于茎顶部，厚纸质，宽条形或倒披针形，长为 10～35 cm，宽为 1～5.5 cm，基部扩大抱茎，近基部较狭窄，中脉背面下部明显，呈肋状，顶生大型圆锥花序长达 60 cm，1～3 朵簇生。花白色、芳香。浆果呈球形，黄色(图 1-84)。

园林用途：为现代室内装饰的优良观叶植物，中、小盆花可用于点缀书房、客厅和卧室，大、中型植株可用于美化、布置厅堂。

## 23. 橡皮树(*Ficus elastica*)

科属：桑科榕属。

别名：印度橡皮树、缅树、印度榕。

形态特征：常绿大乔木，高可达 30 m 以上，全株光滑，皮层内有乳汁，茎上生气根。叶长圆形至椭圆形，长为 10～30 cm，叶面暗绿色，叶背淡黄绿色，全缘，革质，托叶红色；花单生，雌雄同株。圆叶橡皮树为常绿小灌木，高为 50～80 cm，多分枝。叶广倒卵形，广圆头，基狭，长为 1.5～5 cm，革质，叶面浓绿色，脉腋有暗色腺体；隐头花序球形至洋梨状，直径为 6～8 mm，单生，成熟后黄色或带红色。常见的栽培变种有金边橡皮树、花叶橡皮树、白斑橡皮树、金星宽叶橡皮树（图 1-85）。

园林用途：常栽于温室或在室内作盆栽观赏，也可栽入庭园，独木可成林。

图 1-84　龙血树

图 1-85　橡皮树

## 24. 银柳（*Salix argyracea*）

科属：杨柳科柳属。

别名：棉花柳、银芽柳。

形态特征：落叶灌木。基部抽枝，新枝有绒毛。叶互生，披针形，边缘有细锯齿，背面有毛。雌雄异株，花芽肥大，每个芽都有一个紫红色的苞片，先花后叶，柔荑花序，苞片脱落后，即露出银白色的花芽，形似毛笔。花期为 12 月至翌年 2 月（图 1-86）。

园林用途：优良切花材料，观芽植物；适宜植于庭院中的路边。

## 25. 佛肚树（*Jatropha podagrica*）

科属：大戟科麻疯树属。

别名：麻疯树、瓶子树、纺锤树、萝卜树、瓶杆树。

形态特征：肉质灌木，茎基部膨大呈卵圆状棒形，茎端两歧分叉。茎表皮灰色易脱落。叶簇生分枝顶端，绿色，光滑又稍具蜡质白粉。托叶角质分叉，刺状，宿存于茎枝上很长时间。花序长为 15 cm，重复两歧分叉，花鲜红色(图 1-87)。

园林用途：室内盆栽的优良花卉；在气候温暖的地区可庭园栽培，还可作园景树、制作工艺品。

图 1-86　银柳

图 1-87　佛肚树

### 26. 紫藤(*Wisteria sinensis*)

科属：豆科紫藤属。

别名：藤萝、朱藤、黄环。

形态特征：落叶藤本。茎右旋，枝较粗壮，嫩枝被白色柔毛，后秃净；冬芽卵形。奇数羽状复叶；托叶线形，早落；小叶 3～6 对，纸质，卵状椭圆形至卵状披针形，上部小叶较大，基部 1 对最小，小叶柄长 3～4 mm，被柔毛；小托叶刺毛状，长为 4～5 mm，宿存。总状花序发自种植一年短枝的腋芽或顶芽，长为 15～30 cm，直径为 8～10 cm，花序轴被白色柔毛；苞片披针形，早落；花长为 2～2.5 cm，芳香；花梗细，长为 2～3 cm；花萼杯状，长为 5～6 mm，宽为 7～8 mm，密被细绢毛。花期为 4 月中旬至 5 月上旬，先花后叶(图 1-88)。

园林用途：一般应用于园林棚架；适宜栽于湖畔、池边、假山、石坊等处；也常作为盆景使用。

### 27. 凌霄花(*Campsis grandiflora*)

科属：紫葳科凌霄属。

别名：紫葳、五爪龙、红花倒水莲、倒挂金钟、上树龙、上树蜈蚣。

形态特征：攀缘藤本；茎木质，表皮脱落，枯褐色，以气生根攀附于它物之上。叶对生，为奇数羽状复叶；小叶为7~9枚，卵形至卵状披针形，顶端尾状渐尖，基部阔楔形，两侧不等大，侧脉6~7对，两面无毛，边缘有粗锯齿；顶生疏散的短圆锥花序，花萼钟状，长约为3 cm；分裂至中部，裂片披针形，长约为1.5 cm。花冠内面鲜红色，外面橙黄色，长约为5 cm，裂片半圆形。花期为5—8月（图1-89）。

园林用途：为庭园中棚架、花门的良好绿化材料；用于攀缘墙垣、枯树、石壁；点缀于假山间隙；经修剪、整枝等栽培措施，可成灌木状栽培观赏；理想的城市垂直绿化材料。

图1-88 紫藤

图1-89 凌霄花

## 知识拓展

2019年中国北京世界园艺博览会（以下简称"2019北京世园会"），是继1999昆明世园会和2010上海世博会之后，中国举办的规格最高、规模最大的世界园艺博览会，是经国际展览局（BIE）认可的最高级别（A1类）的专业性世界博览会。2019北京世园会由我国政府主办，北京市政府承办。

2019北京世园会既是展示中国生态文明建设成果的舞台，也是弘扬绿色发展理念的契机，更是建设美丽中国的生动实践。更多一重意义在于，它也是改革开放四十周年和中华人民共和国七十周年的重要献礼。

2019北京世园会总占地面积为960 hm$^2$，有国际馆、中国馆、植物馆、生活体验馆和演艺中心"四馆一心五大工程"。其中，北京世园会植物馆是北京世园会最重要、最核心的展馆之一。整个植物馆总占地面积为 3.9 hm²，建筑面积为 9 660 m²，拥有北京世园会中唯一的展览温室。植物馆的主题是"植物——不可思议的智慧"，建筑设计理念是"升起的地平线"，建筑元素隐喻红树林生态中的土壤、根须、干叶、栖息的鸟类等，建筑造型神秘且有力量感。植物馆围绕着"植物——不可思议的智慧"的总策展主题，用全新的视角，提醒人们重新思考人类文明与地球生态如何共赢。植物馆共分 4 层，第 1 层设有红树林数字体验厅和热带植物温室；第 2 层为多功能厅，会期用于举办各类主题展览、企业发布和会议论坛活动；第 3 层为企业品牌展示厅；第 4 层的屋顶平台设有中信自然书店、华大基因植物实验室及屋顶花园等。植物馆分为"逆境求生区""植物大战区""万里长征区""亿年足迹区""变身大法区"五大展区，从南方专程"移民"北上的红树林将展现植物如何"逆境求生"；植物虽然不能跑，但它们遇到危险时不会坐以待毙，食虫草等小型吃虫植物将展现植物与动物之间的"战争"；珍贵的海椰子将告诉游客它的种子如何依靠坚硬的壳漂洋过海、万里长征；从霸王龙时期就存在的蕨类植物将展现植物亿万年来的进化史；来自非洲的弥勒树是植物界的"骆驼"，它将用大肚子告诉游客在缺水的非洲如何改变自己的身体状况，用储水的方式寻求生存。

## 🧰 任务实施

经过以上的学习，同学们可以一起来识别校园内的木本花卉，以 3～5 人一组，通过观察分析并对照识别手册或相关专业书籍，记载花卉主要观赏部位的形态，并记忆花卉中文名和学名，归纳其所属类别，观察不同生长条件或栽培方式下花卉生长发育表现，了解各类花卉的生态习性。

待识别完成后，将相关信息填入表 1-3 中。

表 1-3　花卉分类与识别记载表

| 序号 | 花卉植物名称 | 科或属名 | 主要识别特征 | 生长环境 | 生长状况 | 园林应用 |
|---|---|---|---|---|---|---|
|  |  |  |  |  |  |  |
|  |  |  |  |  |  |  |
|  |  |  |  |  |  |  |
|  |  |  |  |  |  |  |
|  |  |  |  |  |  |  |
|  |  |  |  |  |  |  |
|  |  |  |  |  |  |  |
|  |  |  |  |  |  |  |

## 📖 课后练习

请列举出本地 5 种常见的木本花卉，简述其形态特征及园林用途。

# 项目二　花卉繁育技术

## 学习目标

**知识目标**
1. 了解花卉种子繁殖方法；
2. 了解花卉分株繁殖、压条繁殖、扦插繁殖和嫁接繁殖的原理和方法。

**能力目标**
1. 掌握常见花卉播种繁殖、压条繁殖、扦插繁殖和嫁接繁殖技术；
2. 掌握露地和穴盘育苗技术。

**素养目标**
1. 在花卉繁殖的过程中发现植物生命延续的神奇现象；
2. 在花卉播种繁殖的过程中培养耐心、细致的工作作风；
3. 具有实事求是的科学态度和团队协作精神。

## 任务一　花卉种子繁殖

### 任务导入

请通过本任务的学习，掌握生活中常见的一二年生花卉的播种繁殖，并根据种子的不同选择不同的播种方式。

### 知识准备

花卉繁殖是可以延续后代的一种自然现象。花卉种苗是花卉产品生产的物质基础，其繁殖技术是花卉产品质量的根本措施之一。花卉种类繁多，来源广泛，因此，繁殖方式也较复杂，归纳起来可分为有性繁殖、无性繁殖、组织培养等。

花卉繁殖是指通过各种方式产生后代，繁衍其种族和扩大其群体的过程与方法。在长期的进化、选择与适应过程中，各种花卉形成了自身特有的繁殖方式。随着人类栽培技术的进步，不断干预或促进花卉的繁衍数量和质量，使花卉朝着满足人类各种需要的方向发展，花卉繁殖是花卉生产的重要一环，而掌握花卉的繁殖原理和技术对于进一步了解花卉的生物学特点，扩大花卉的应用范围都具有重要的理论意义和实践意义。

## 一、花卉繁殖方式

依据繁殖体来源不同，花卉的繁殖可分为有性繁殖（种子繁殖）和无性繁殖（营养繁殖）两大类。

### （一）有性繁殖

**1. 有性繁殖的概念**

有性繁殖也称为种子繁殖，主要是指播种繁殖，是花卉生产中最常用的繁殖方法之一。凡是能采收到种子的花卉均可进行播种繁殖，如一二年生草本花卉、木本花卉及能形成种子的盆栽花卉等。用种子繁殖生产的花卉苗称为实生苗或播种苗。

**2. 有性繁殖的特点**

种子繁殖有许多优点：种子便于携带、保存和运输；播种操作简单，在短时期内可以获得大量植株；种子繁殖的后代生命力强、寿命长；根系发达，适应性强；可以提供无病毒的植株等；种子繁殖也是新品种培育的常规手段。所以，大多数的草本花卉，尤其是一二年生草本花卉主要采用种子繁殖。

种子繁殖也有缺点，如对母株的改善不能全部遗传，有时会出现变异和混杂，失去原有的优良品质或特性；有许多木本花卉，用种子繁殖后要经过漫长的幼年期才能开花。另外，有些花卉不能收获种子，只能用其他的繁殖方式进行繁殖。

### （二）无性繁殖

**1. 无性繁殖的概念**

无性繁殖也称为营养繁殖，是指利用植物营养器官的一部分进行繁殖，培育出新植株的方法。用营养繁殖繁育出来的苗木称为营养繁殖苗或无性繁殖苗。这是花卉育苗中最普遍采用的方法，在花卉商品生产中占有极其重要的地位。无性繁殖包括扦插繁殖、嫁接繁殖、分生繁殖、压条繁殖、孢子繁殖和组织培养 6 种繁殖方法。

无性繁殖的材料很多，有根、茎、叶、芽和特化的营养器官，如鳞茎、球茎、块茎和根茎等，后者常用在球根花卉的繁殖中。

**2. 无性繁殖的特点**

无性繁殖最大的优点是可以保持优良品种的遗传特性。另外，其还具有繁殖方法简单、花苗生长迅速、提早开花结实等优点；缺点是扦插苗根系浅，没有明显的主根；营养繁殖苗寿命较短；多代重复繁殖后易引起退化等。

## 二、花卉种子繁殖

花卉生产中大规模的草本花卉生产常用 F1 代杂交种子繁殖花卉小苗，出苗整齐，管理方便，多数花卉生产都能采用。掌握种子播种技术在提高花卉的产量和品质、适时播种、节约生产成本等方面具有重要的作用。花卉种子繁殖是花卉繁殖的主要方法之一。

### (一) 种子

优良种子是保证产品质量的基础。花卉生产十分重视种子品质，宜由专业机构生产。花卉的种类和品种繁多，又各具特点，杂种一代种子每年都要杂交制种。异花传粉花卉留种需要一定的条件及技术。同时，花卉市场每年都要求花卉种子由一些专门的种子公司负责生产和供应。

花卉种子主要来源于三种形式。

#### 1. 自花传粉花卉

种子是经过自花传粉、受精形成，不带有外来的遗传物质。天然杂交率很低，一般不超过4%，纯合度较高，留种时只需注意去杂、去劣、选优，一些豆科花卉及禾本科植物都属于这一类。

#### 2. 异花传粉花卉

异花传粉方式方法在花卉中较为普遍。异花传粉花卉自交结实率低或表现退化，其个体都是种内、变种内或品种不同植物杂交的后代，是不同程度的杂合体，实生苗存在不同程度的变异，留种时应分别对待。

某些品种较少、性状差异不大的种类，留种时只要不断地进行选优去劣，便可取得遗传性状相对一致、接近自花传粉的种子，如瓜叶菊。而另一些异花传粉花卉，品种较多，性状的差异也较大，留种时应在品种内杂交，否则后代必产生分离现象，如羽衣甘蓝。还有一些异花传粉花卉，如菊花、大丽花等，它们的栽培品种都是高度杂合的无性系，品种内自交不孕，生产上不能用种子繁殖。

#### 3. 杂交优势的利用

杂交优势的利用在农作物和蔬菜生产上已成为增产的一项重要手段。它们的基因虽然是杂合的，但表现型都是完全一致并具有杂种优势的，在生活力及某些经济性状上（如花大、重瓣性）也超过双亲。但杂交优势的种子必须杂交生产，从杂种一代上采种，即便是自交，后代也表现严重的分离，失去F1代具有的优点。三色堇、金鱼草、矮牵牛、万寿菊、紫罗兰、天竺葵的种子生产等均利用了其杂种的优势。

杂交种子常通过人工控制授粉获得，成本高，难以大量生产。利用雄性不育的母体，可减少人工去雄和授粉的工作。矮牵牛可以既不去雄，也不通过人工授粉而获得杂交种子；万寿菊、天竺葵、石竹、金鱼草、百日草等的雄性不育，不需去雄，但仍应经过人工授粉后才能结实；一些自花不孕的花卉，如藿香蓟和雏菊属也易取得杂交种子。

### (二) 花卉种子的成熟与采收

#### 1. 种子的成熟

种子有形态成熟和生理成熟两个方面。形态成熟是指种子的外部形态及大小不再有变化，从植株上或果实内脱落的形态上成熟的种子，生产上所称的成熟的种子是指形态成熟的种子；而生理成熟的种子是指已具有良好发芽能力的种子，仅以生理特点为指标。

大多数植物种子的生理成熟与形态成熟是同步的,形态成熟的种子已具备了良好的发芽力,如菊花、许多十字花科植物、报春花属花卉形态成熟的种子在适宜环境下可立即发芽。但有些植物种子的生理成熟和形态成熟不一定同步,不少禾本科植物如玉米,当种子的形态发育尚未完全时,生理上已完全成熟。蔷薇属、苹果属、李属等许多木本花卉的种子,当外部形态及内部结构均已充分发育,达到成熟种子的固有形态,但在适宜条件下并不能发芽,原因是生理上尚未成熟,此种现象被称为种子生理后熟。种子的生理后熟现象是造成其休眠的主要原因。

### 2. 种子的采收与处理

种子达到形态成熟时必须及时进行采收并处理,以防止散落、霉烂或丧失发芽力。采收过早,种子的储藏物质尚未充分积累,生理上也未成熟,干燥后皱缩成瘦小、空瘪、发芽差、活力低并难于干燥、不耐储藏的低品质种子。理论上种子越成熟越好,故种子应在已完全成熟、待果实已开或自落时采收最合适。但在实际生产中,采收时间应稍早于完全成熟期,已完全成熟的种子易自然散落,且易遭鸟虫啄食或因雨淋湿造成种子在植株上发芽及品质降低。

(1)干果类。干果包括蒴果、蓇葖果、荚果、角果、瘦果、坚果等,果实成熟时自然干燥、开裂而散出种子,或种子与干燥的果实一同脱落。这类种子应在果实充分成熟前即将开裂或脱落前采收。某些花卉,如半枝莲、凤仙花、三色堇等,开花结实期延续很长,果实早迟不一,种子必须随熟随采(图2-1和图2-2)。

干果类种子采收后,宜置于浅盘中或薄层敞放在通风处1~3周使其尽快风干。当种子的含水量达到20%以上时,在不通风环境下堆放几小时就会因发热而降低种子的生活力。某些种子成熟较一致而又不易散落的花卉,如千日红、桂竹香、矮雪轮、屈曲花等,也可将果枝剪下,装于薄纸袋内或成束挂于室内通风处干燥。种子经初步干燥后,及时脱粒并筛选或风选,清除发育不良的种子、植物残屑、杂草及其他植物种子、尘土石块等杂物。最后进一步干燥至含水量达到安全标准,一般为8%~15%。通常情况下,种子可自然干燥达到此标准,在多雨或高湿度季节,种子难于自然充分干燥,需加热促使快干。含水量高的种子,烧烤温度不宜超过32 ℃;含水量低的种子,烧烤不宜超过43 ℃。若干燥过快,会使种子皱缩或裂口,导致其耐储藏力与生活力下降。

图2-1 凤仙花种子　　　　图2-2 三色堇种子

(2) 肉质果。肉质果成熟时果皮含水多,一般不开裂,成熟后自母体脱落或逐渐腐烂,常见的有浆果、核果、瓠果等。有许多假果的果实本身虽然是干燥的瘦果或小坚果,但包被于肉质的花托、花被或花序轴中,也视作肉质果对待。君子兰、石榴、忍冬属、女贞属、冬青属、李属等有真正的肉质果,蔷薇属、无花果属是含干果的假肉质果。肉质果成熟的指标是果实变色、变软,未成熟的一般为绿色并较硬,逐渐转变为白色、黄色、橙色、红色、紫色、黑色等,含水量增加,由硬变软。肉质果成熟后要及时采收,过熟会自落或遭鸟虫啄食,若待果皮干燥后才采收,会加深种子的休眠程度或受霉菌侵染(图 2-3 和图 2-4)。

肉质果采收后,先在室内放置几天使种子充分成熟,腐烂前用清水将果肉洗净,除去浮于水面不饱满的种子。果肉经过短期发酵(21 ℃下 4 天)后,更易清洗。必须及时洗净果肉,使其不残留在种子表面,因果肉中含有糖及其他养分,易于吸湿,也易滋生霉菌。洗净后的种子干燥后再储藏(有生理后熟现象的种子还应在湿沙中储藏)。

图 2-3　桂花种子 　　　　　　　　图 2-4　银杏种子

### 3. 种子的寿命与储藏

种子和一切生命现象一样,有寿命。种子成熟后,随着时间的推移,生活力逐日下降,发芽势与发芽率逐渐降低,每一粒种子都有一定的寿命,不同植株、不同地区、不同环境、不同年份的种子差异更大。甚至不同的成熟度、不同的饱满度、不同的生产部位都会对种子的寿命产生影响。因此,种子的寿命不可能以单粒种子或单粒寿命的平均值来表示,只能从群体来测定,通常以取样测定其群体的发芽百分率来表示。

在生产上,低活力的种子都没有实用价值,其发芽率低、幼苗活力差。因此,生产上把种子群体的发芽从收获时起降低到原来发芽率的 50% 的时间定为种子群体的寿命,这个时间称为种子的半活期。种子 100% 丧失发芽力的时间可视为种子的生物学寿命。

(1) 种子寿命的类型。在自然条件下,种子寿命的长短因植物而异,差别很大,短的只有几天,长的达百年以上。种子按寿命的长短,一般可分为以下三类:

① 短命种子:寿命在 3 年以内的种子,常见于以下几类植物:种子在早春成熟的树木;原产于高温、高湿地区无休眠期的植物;子叶肥大的;水生植物。

② 中寿种子:寿命为 3~15 年,大多数花卉是这一类。

③ 长寿种子:寿命超过 15 年,这类种子以豆科植物最多,莲、美人蕉属及锦葵科某些种子寿命也很长。

(2) 种子寿命的影响因素。种子寿命的长短除遗传因素外,也受种子的成熟度、成熟期的矿质营养、机械损伤与冻害、储存期的含水量，以及外界的温度、霉菌的影响，其中以种子的含水量及储藏温度为主要的因素。大多数含水量在5％～6％的种子寿命最长，低于5％细胞膜的结构破坏，加速种子的衰败，8％～9％则虫害出现，达12％～14％真菌繁衍为害，18％～20％易发热而败坏，40％～60％种子会发芽。种子的水分平衡首先取决于种子的含水量及环境相对湿度间的差异。空气相对湿度为70％时，一般种子含水量平衡在14％左右，是安全储藏含水量的上限。在相对湿度为20％～25％时，一般种子的储藏寿命最长。

空气的相对湿度又与温度紧密相关，随温度的上升而加大。一般种子在低相对湿度及低温下寿命较长。多数种子在相对湿度为80％，温度为25～30 ℃的条件下很快丧失发芽力；在相对湿度低于50％、温度低于5 ℃时，生活力保持较久。

(3) 花卉种子的储藏方法。花卉种子与其他作物相比，有用量少、价格高、种类多等特点，宜选择较精细的储藏方法。下列方法可因物因地选择使用。

①不控温、湿的室内储藏：这是简便易行、最经济的储藏方法。将自然风干的种子装入纸袋或布袋中，挂在室内通风处储藏。在低温、低湿地区效果很好，特别适用于不需长期保存、几个月内即将播种的生产性种子及硬实种子。

②干燥密封储藏：将干燥的种子密封在绝对不透湿气的密封容器内，能长期保持种子的低含水量，可延长种子的寿命，是近年来普遍采用的方法。密封储藏的种子必须含水量很低。如含淀粉种子达12％、含油脂种子达9％，密封时种子的衰败反较不密封者快，效果不佳。由于大气的湿度高，干燥的种子在放入密封容器前或中途取拿种子时，均可使种子吸湿而增加含水量。最简便的方法是在密封容器内放入吸湿力强的、经氯化铵处理的变色硅胶，将约占种子量1/10的硅胶与种子共同放入密封容器中即可。换下的淡红色硅胶在120 ℃烘箱中除水后又转为蓝色，可再次应用。若需使容器内保持特定的相对湿度，可用不同浓度的硫酸或饱和的无机盐溶液在一定的湿度下达到。

③干燥冷藏：凡适用于干燥密封储藏的种子，在不低于伤害种子的湿度下，种子寿命无例外地随着湿度的降低而延长。一般草本花卉及硬实种子可在相对湿度不超过50％，温度为4～10 ℃的条件下储藏。

## (三) 播种时间

播种时间应根据花卉本身的特性、市场需要、当地的气候条件和育苗条件等而定。保护地栽培下，可按需要时期播种；当在露地自然条件下播种，则视种子发芽所需湿度及自身适应环境的能力而定。

### 1. 春播

露地一年生草本花卉、多数的宿根花卉和木本花卉适用于春播。原则上在春季气温开始回升，平均气温已稳定在种子发芽的最低湿度以上时播种。若延迟到气温已接近发芽最适宜温度时，播种则发芽较快而整齐。我国南方地区约在2月下旬至3月上旬播种，中部地区约在3月中下旬播种，北方地区在3月下旬至4月中旬播种。春播在幼苗出土后不致受到低温危害的前提下，应尽量早播种，以增加幼苗生长期，提高幼苗抗性，增长观赏时间，如一串红、大丽花、鸡冠花、大花美人蕉和美女樱等。在生长期短的北方或需提早供花时，可在温室、温床或大棚内提前播种育苗。

**2. 秋播**

露地二年生草本花卉和少数木本花卉适用于秋播。一般在气温降至 30 ℃ 以下时争取早播。南方多在 9 月下旬至 10 月上旬播种，北方多在 8 月下旬至 9 月上旬播种。如瓜叶菊、紫罗兰和三色堇等。在冬季寒冷地区，二年生花卉常需防寒越冬或作一年生栽培。

**3. 分期播种**

一些喜温暖但花期短的花卉可分期播种，如翠菊、万寿菊、凤仙花、金盏菊和彩叶草等。

**4. 随采随播**

有些花卉种子的含水量高，寿命短，失水后易丧失发芽力，采后应及时播种，如四季海棠、文殊兰等的种子。朱顶红、马蹄莲、君子兰、山茶花的种子也宜随采随播，但在适当条件下也可储藏一定时间。

**5. 周年播种**

温室花卉播种在温室内进行，可周年播种，通常视市场需要和花卉开花期而定。一般大多数种类在 1—4 月播种，少数种类如瓜叶菊、仙客来、报春花和蒲苞花等通常在 7—9 月播种。

**(四)播前准备**

为提高播种质量，保证早出苗、出好苗，必须认真做好播种前的土壤准备和种子准备等工作。

**1. 土壤准备**

播种用地原则上为肥沃、疏松、清洁、排水良好的砂壤土。所以，播种地应注意深耕细耙，尽可能用谷糠灰、泥炭、砂等疏松、改良土质，并保证良好的排灌条件。播种前要做好土壤消毒以便消灭土壤中的病原菌和地下害虫。一般采用高温处理和药剂处理等方法。

(1)高温处理。在柴草方便的地方，可用柴草在苗床上堆烧。这种方法不仅能消灭病原菌和地下害虫，而且具有提高土壤肥力的作用。国外有的用火焰土壤消毒机对土壤进行喷焰加热处理，可同时消灭病虫害和杂草种子。

(2)药剂处理。用石灰粉进行土壤消毒，既可杀虫灭菌，又能中和土壤的酸性。因此，多在针叶腐殖质土和南方地区使用。在翻耕后的土地上，按每平方米 30～40 g 撒入石灰粉消毒。每平方米培养土中施入石灰粉 90～120 g，并充分搅拌均匀。

代森锰锌：每平方米苗床用 25% 甲霜灵可湿性粉剂 9 g，加 70% 代森锰锌可湿性粉剂 10 g，加细土 4～5 kg 搅拌均匀，1/3 在种子下面，即撒即播，播种后再将其余的 2/3 盖在种子上面。

辛硫磷乳油：主要用于防治蛴螬、蝼蛄、金针虫等地下害虫。一般用 50% 的辛硫磷乳油 0.5 kg，加水 0.5 kg，再与 125~150 kg 细砂土混拌均匀制成毒土，每 667 m² 施用 15 kg 左右。为使药剂混拌均匀，可先掺入 50 kg 细土，然后再掺其余的 75~100 kg。毒土可撒施在育苗地上，结合翻地、施肥或做床时翻入土壤中。如施在种子下面，不要使种子接触毒土为宜。辛硫磷乳油在光照下易分解，因此，制毒土时最好在室内或傍晚进行，堆放在阴暗背光处，及早施入土壤中。虽然辛硫磷乳油是低毒农药，对人畜无害，但使用时也要注意安全。

消毒时要戴上口罩和手套，防止药物吸入口内和接触皮肤，工作后要漱口，并用肥皂认真清洗手和脸。

### 2. 种子准备

(1)种子消毒。种子消毒可有效预防苗期病害，提高成活率。一般在播种前或催芽前进行。种子消毒的常用方法如下：

①药剂浸种：用 0.3%~1.0% 的硫酸铜溶液，浸种 4~6 h，取出阴干后播种；用 10% 的磷酸钠溶液浸种 15 min；用 2% 的氢氧化钠溶液浸种 15 min，冲洗后播种；用 0.5% 的高锰酸钾溶液浸种 2 h，取出后用布盖 30 min，冲洗后播种。

用以上方法消毒均有较好的效果。浸种后的种子必须用清水冲洗干净后方可播种，且不宜久存，否则会降低种子发芽率和发芽势。消毒液应尽量避免装在金属容器中，以免发生化学反应而变质。

②温水浸种：在没有药品的时候，用 30~40 ℃ 的温水浸种，也能起到杀灭病虫的作用。对于能耐温水处理的种子用 55 ℃ 温水浸种 15 min。

(2)种子催芽。通过人为的方法打破种子休眠，使之萌芽，这一生产措施称为种子催芽。催芽可以缩短出苗期，使幼苗出整齐，提高场圃发芽率及苗木的产量和质量。

一般一二年生的草花种子，播种前不需处理直接播种，如孔雀草、百日草、一串红、万寿菊、羽衣甘蓝、瓜叶菊和紫罗兰等。播种后只要湿度适宜，一般 3~4 d 即可出苗。但对发芽困难的种子，可采用以下处理措施：

①浸种催芽：如美女樱、含羞草、仙客来等只用温水浸种，当种子吸足水后不催芽直接播种。观赏辣椒、文竹、君子兰和棕榈科观赏植物的种子，播种前用 30~40 ℃ 的温水浸种，然后在 25~30 ℃ 恒温培养箱内催芽，每天用温水冲洗种子一次，待种子萌动后立即播种。

②机械破皮：对一些种皮坚硬、不易吸水的种子，可用人工方法将种子与粗沙等混合摩擦或刻伤种皮促其发芽。例如，芍药播种前要将种皮擦破，大花美人蕉要用水果刀将种皮刻伤，荷花要将莲子凹进的一端磨破等，再用温水浸泡 24 h，然后播种。

③生长素处理：有的种子具有上胚轴休眠的特性，如牡丹、芍药、天香百合、加拿大百合和日本百合。秋播当年只长出幼根，必须经过冬季低温阶段，上胚轴才能在春季伸出土面。若用 50 ℃ 温水浸种 24 h 埋于湿沙中，在 20 ℃ 条件下，约 30 d 生根，把生根的种子用 50~100 mg/L 赤霉素溶液浸泡 24 h，10~15 d 就可长出地上茎。

对于生理后熟需低温春化的种子，如大花牵牛，播种前用 10~25 mg/L 赤霉素溶液浸种，也可促其发芽。

④低温层积：如月季花、蔷薇、桂花、海棠等的种子，可与湿润的介质如砂、木屑、泥炭等分层或混合放置，在通气的条件下，经过一段1~10℃的低温储藏，种子便逐渐具备发芽能力。低温层积的时间因花卉种子种类不同而异，一个月或几个月，一般需经过一冬，第二年春天播种。

除土壤和种子准备外，播种前还应准备好各种工具和用品，还需要安排好机械的调试、维修和人员培训等工作，使播种有条不紊地进行。

### （五）播种方法和步骤

**1. 播种方法**

（1）露地直播。某些花卉可以将种子直接播种于容器内或露地永久生长的地方，不经移栽直至开花。容器内直播常用于植株较小或生长期短的草本花卉，如矮牵牛、孔雀草等；室外露地直播是南方常用的方法，适用于生长易、生长快且不宜移植的直根性花卉。大面积粗放栽培也常用直播，如虞美人、花菱草、香豌豆、扫帚草、牵牛和茑萝等。另外，木本花卉多为大粒种子，多采用露地直播，待苗木长大后再分苗移植。

播种时按种粒大小采用不同的方法：大粒种子，如苏铁、美人蕉、龟背竹等，常在苗床内按照一定株行距开沟或挖穴，进行条播或穴播，并将种子压入土面；中小粒种子，如凤仙花、金鱼草、翠菊等，常用撒播或宽幅条播；细小种子，如虞美人、四季报春等，为使播种均匀，通常在种子内掺入3~5倍干燥的细沙或细碎的泥土后再撒播。

（2）移栽育苗。集中育苗后再移栽是花卉生产最常用的方法。在小面积上培育大量的幼苗，对环境条件易于控制，可以精细管理，特别适用于种子细小、发芽率低、发芽期长、育苗技术要求高或新引进、名贵、种子量少的情况。

①室内育苗：花卉育苗多在温室或大棚内进行，环境条件容易控制。室内育苗又可分为苗床育苗和盆播育苗。

a. 苗床育苗：在室内固定的温床或冷床上育苗是大规模生产常用的方法。通常采用等距离条播，有利于通风、透光及除草、施肥、间苗等管理，移栽起苗也较为方便。小粒种子也可撒播，操作内容、方法与露地播种相近，但可以把播种时期提前，待苗生长到一定时期后再分别移栽。

b. 盆播育苗：一些细小种子、名贵花卉和水生花卉种子多采用盆播育苗，在浅盆或播种箱内播种。盆播所用的土壤是经过人为特别配制的培养土，在使用前要经过消毒、灭菌。播种前将盆底充以瓦砾，填入约为盆深1/3的粗土或细沙，其上再覆盖培养土，土面距离上口2~3 cm，适当镇压，仔细整平，播上种子，再筛撒一层细土，以埋没种子为度，稍加镇压。若为大、中粒种子，则将种子按入盆中，然后覆土。播后，将播种盆下部浸入盛水容器中，使水由盆下渗入盆内，待整个土面充分湿润后将其取出，放于光线较暗、温度较高处，盆面覆盖玻璃和报纸，以保温和避强光(图2-5)。

**图2-5　穴盘育苗**

对于一些不耐移植的直根性露地一年生花卉，如虞美人、飞燕草等，除可以直接播于观赏地段外，还可以使用盆播的方法。盆播时，每盆可播几粒种子，出苗后，最后选留1株，应用时，可倒盆带土球栽植。

②露地育苗：常用于成苗容易或成苗期长的木本花卉，不需要昂贵的设备与设施，在南方应用广泛。露地育苗通常在专门的苗圃地进行。选择阳光充足、土质疏松、排水良好的环境，待耕翻整平后，再做畦播种，方法与露地直播相似（图2-6、图2-7）。

图2-6　播种前厢面土壤　　　　图2-7　整地做畦后点播

### 2. 播种步骤

播种一般包括播种、覆土、镇压、覆盖、灌溉等步骤。

(1)播种：根据种子特性、育苗地的条件、种子大小等，选择适宜的播种方法。

(2)覆土：播种后应及时覆土，覆土厚薄常影响种子萌发。覆土过薄种子易干，也易遭鸟、兽、虫等危害；覆土过厚不利于种子发芽、出土。一般覆土厚度是种子直径的2~4倍。除一些非常细小的草花种子可不覆土外，大部分小粒花卉种子覆土厚度为0.5~1 cm，中粒种子覆土1~3 cm，大粒种子3~5 cm。另外，砂质土覆盖可稍厚，黏性土宜薄；干旱地区宜厚；湿润地区宜薄。覆土应在土壤疏松，上层较干时进行，如土壤黏重或湿度大时不宜镇压，以免土壤板结，影响种子发芽。

(3)覆盖：播种后，用草帘、薄膜、遮阳网等覆盖，有保持土壤湿度，减少杂草，防止因浇水、雨淋等引起种子流失和土壤板结及调节温度等作用。在幼苗大部分出土后应将覆盖物及时撤除。

(4)灌溉：水分是播种管理的关键，最好在播种前土层灌足底水，发芽阶段不再灌溉。如必须灌溉，应喷水或土层灌水，避免直接在床面上冲灌，使床面板结合种子淋湿。盆播时，如细小种子应用浸水法灌溉，大粒种子要用喷壶浇水。

### (六)播后管理

从播种后到出苗前，管理的关键是温度和水分。温度一般可通过选择合适的播种时间来解决，这样水分就成为管理的中心问题。为了较长时间保持床土湿润，减少播种后浇水次数，防止土面板结，影响出苗，播种前最好在底部灌足水，发芽阶段不再灌溉。如必须灌溉，应使用喷灌或侧方灌溉，给水要均匀，以保持床面疏松。浇水次数和浇水量要根据覆盖物的有无、花卉种类和覆土厚度等灵活掌握。有覆盖物的浇水次数可少一些；覆土厚的和种粒大的尽量少浇水；对小粒种子，需要多次少量浇水。若遇大雨，要覆盖塑料薄膜，以免雨水冲刷苗床(图2-8～图2-10)。

对于有覆盖物的，应待幼苗大部分出苗后，适时撤除覆盖物，使幼苗逐渐见光。但幼苗刚出土时最忌阳光直晒，所以，撤除覆盖物时要注意保护幼芽，还要注意天气，晴天时应早晚撤除或在阴天撤除比较适宜。另外对一些幼苗，撤除覆盖物后要及时遮阳。

盆播苗盖有报纸和玻璃的，早晚宜将其打开几分钟，以便通风透气。盆播大、中粒种子，播种后若盆土见干，可用细眼喷壶直接浇水，小粒种子仍用浸水法补充水分。待种子萌芽出土，先把盆上玻璃垫起通风，再去掉报纸，最后把覆盖物全部去掉，并逐步移放于光线充足处。苗出齐后，再行间苗，以后再移植。

图 2-8　浇水

图 2-9　覆膜保温

图 2-10　发芽后揭膜

## 知识拓展

昆明北郊苍翠的密林中，中国科学院昆明植物研究所内，中国西南野生生物种质资源库所在的四层楼房虽然看上去很普通，但它却是野生珍稀濒危植物的"家园"，这里已保存植物种子10 601种，占我国植物种子物种总数的1/3左右。即便所属物种在野外灭绝，这些种子仍有可能回归自然，延续"香火"。2021年，一批须弥扇叶芥、鼠麹雪兔子的种子被送入种质资源库精心保存，这是中国科学家在珠穆朗玛峰6 200 m地带采集到的，刷新了我国采集植物种子的最高海拔纪录。

在常温下，普通种子最多保存一至两年，为延长种子的寿命，要利用低温、干燥等方式。因此，采回的种子要经过多道质量控制程序后，才能入库保存。具体方法是先在种子清理室中把种子倒入分离机,此时饱满的种子便会落下来,空瘪的种子则被吹到一边。分拣留下的健康种子继续被清理、质检、计数。计数后,种子会被再干燥,在温度15 ℃、相对湿度为15%的环境中,种子被放置一个月左右。这时种子的含水量降至5%~7%,在低温、干燥的条件下,种子进入"休眠期"。经过密闭容器分装后,种子进入"冬眠套房"——-20 ℃的冷库。在这里,种子可存活几十年,甚至上千年,如棉花种子在"沉睡"6万年后,活力才会降至10%。

后来,中国西南野生生物种质资源库建立了一个由国内数十家科研机构、高等院校和自然保护区参与的种质资源采集网络,并制定了采集规范和标准,采集国家重点保护和珍稀濒危物种等野生植物物种。科研人员在采集种子时,会详细记录下采集时间、地点、海拔、土壤类型、周围环境等信息,并把该植物的叶、花、果等信息作为凭证一一对应种子,作为今后生态修复的依据。

## 任务实施

采集好种子后,给予种子适宜水分、温度、氧气(少数种子还需一定的光照)等条件,种子就可萌发形成幼苗。通过对三色堇、雏菊、千日红、羽衣甘蓝等(秋播)、一串红、万寿菊、鸡冠花、凤仙花等(春季播)花卉的播种生产试验,掌握花卉有性繁殖的基本环境条件、播种技术和播种苗管理等环节。所用工具有花盆、营养土、喷水壶、锄头等。

实施步骤如下。

### 1. 盆播

(1)播种用专用的育苗基质。

(2)用碎石头把盆底排水孔盖上,填入1/3粗沙砾,其上填入育苗基质,与园土按1∶1的比例混合,厚度约为1/3,最上层为育苗基质,厚度约为1/3。

(3)盆土填入后,用木条将土面压实刮平,使土面距离盆沿2~3 cm。

(4)用"浸盆法"将浅盆下部浸入较大的水盆或水池中,使土面位于盆外水面以上,待土壤浸湿后将盆提出,过多的水分渗出后,即可播种。

(5)细小种子宜采用撒播法。为防止播种太密,可掺入细沙与种子一起播入,用细筛筛过的土覆盖,以不见种子为度。中、大粒种子采用点播法或条播法,播后覆土。

(6)覆土后在盆面上盖薄膜等,以减少水分蒸发,并置于室内阴处。

(7)注意维持盆土湿润,干燥时仍然用浸盆法给水,幼苗出土后逐渐移于光照充足处。

### 2. 地播

(1)整地,播种床床面平整,表土细粒,做畦,南方高畦,北方低畦,利于排水。

(2)播种前土壤湿度适中,细小种子撒播,中、大粒种子采用点播法或条播法,播后覆土。

(3)覆土后覆一层稻草或松针,随时注意土壤的湿度,随时浇水。

## 课后练习

1. 简述花卉种子繁殖的特点。
2. 简述花卉播种季节的安排。
3. 花卉种子播种前的准备及播种工序有哪些?请举例说明。

## 任务二　花卉分生与压条繁殖

### 任务导入

请通过本任务的学习，能够在合适的时间独立完成葱兰的分球、芦荟的分株和桂花的空中压条繁殖。

### 知识准备

种子繁殖很容易引起变异，优良的性状不容易很好地保留下去，而且种子繁殖对木本花卉而言，获得成熟植株的速度比较慢。为了让花卉的优良性状更好地保留下去，经常采用无性繁殖。

无性繁殖的方法很多，常见的有分生繁殖、扦插繁殖、嫁接与压条繁殖。

分生繁殖是人为地将植物体分生出来的幼小植物体（如珠芽）或是植物营养器官的一部分（如走茎及变态茎等）与母株分离或分割，另行栽植而形成独立的新植株的繁殖方法。分生繁殖是多年生花卉的主要繁殖方法。它简便、易活、成苗快，遗传性状稳定，但是繁殖系数低。

#### 一、分株繁殖

将根际或地下茎发生的萌蘖用刀切下，分割成数丛，使每株都有自己的根、茎、枝、叶，栽培使其形成一个独立的植株。常见的多年生宿根花卉，如兰花、芍药、菊花、萱草，以及木本花卉如牡丹、蜡梅、棕竹等均采用此法。

分株时注意检查病虫害，一旦发现，立即销毁或彻底消毒后栽培。根部的切伤口在栽培前用草木灰消毒，这样栽培后不易腐烂。中国兰分株时不要伤及假鳞茎，君子兰分株时吸芽必须有自己的根系，否则不易成活。春季分株时注意保墒，秋季分株时注意防冻。分株繁殖一般可分为下面几种类型。

**1. 根蘖**

由根际或地下茎发生的萌蘖切下栽植，使其形成独立的植株。

促进萌蘖：园艺上可砍伤根部促其分生根蘖以增加繁殖系数，如春兰、萱草等。

**2. 根颈**

由茎与根处产生分支，草本植物的根颈是每年长新枝条的位置，木本是根与茎的过渡处。

**3. 走茎和短匍匐茎**

(1)走茎。走茎是指从叶丛中抽生的节间较长的花茎，花后节上长出叶和不定根，产生幼小的植物。分离小植株可以另行栽植而形成新的植物。用走茎的方法繁殖的植物有吊兰、虎耳草、吊竹梅及禾本科草坪草狗牙根、野牛草等（图2-11）。

图 2-11 吊兰走茎

(2)短匍匐茎。短匍匐茎是侧枝或枝条的一种特殊变态，但节间短，非花茎多年生单子叶植物茎的侧枝上的蘖枝即属于此类，如竹类、天门冬属等。

### 4. 吸芽

吸芽是某些植物根际或地上茎叶腋间自然发生的短缩、肥厚呈莲座状的短枝。吸芽的下部可自然生根，可自母株分离而另行栽植。例如，芦荟、景天等在根际处常着生吸芽。凤梨的地上茎叶腋间也产生吸芽(图2-12、图2-13)。

图 2-12 落地生根叶缘的吸芽　　图 2-13 莲座根际处的吸芽

### 5. 珠芽及零余子

(1)珠芽：球根花卉地上部分产生球根状小吸芽。生于叶腋间：如百合属卷丹；生于花序中：如葱属、观赏葱类等花序上的小鳞茎。珠芽脱离母体后可以自然落地生根。成熟后即采即播，2~3年后开花。

(2)零余子：薯蓣类的特殊芽呈鳞茎状或块茎状。

## 二、分球繁殖

分球繁殖是利用具有储藏作用的地下变态器官进行繁殖。时间主要是春季和秋季，球根获得后将大小球按级分开，置于通风处，使其经过休眠后再种植。分球繁殖包括球茎、鳞茎、块根、块茎、根茎。

## 1. 球茎

球茎是地下茎的一种变态形式。本质是茎。茎缩短成球状。球茎上有节、退化的叶片及侧芽,从球上切下的几块仍可以繁殖。如唐菖蒲、香雪兰、番红花等在栽培过程中老球生新球,新球茎基部的四周长出小球。秋天掘取后晒干,除去干枯老球,将新球与小子球剥离,分别储藏,春季分别栽植(图 2-14)。

图 2-14 唐菖蒲球茎

## 2. 鳞茎

鳞茎的腋芽形成子鳞茎,将子鳞茎掰下,经过休眠后可栽种。如百合、水仙、郁金香等一般都采用自然分殖法,待鳞茎分化形成数个新鳞茎后,分离栽培。为提高繁殖率,也可进行人工繁殖。部分种类如百合还可以采用鳞片繁殖(图 2-15、图 2-16)。

图 2-15 水仙的鳞茎

图 2-16 百合的鳞茎

## 3. 块根

块根是地下变态茎的一种类型。外形不一,多近于块状,储藏一定的营养物质。根系自块茎底部发生,块茎顶端通常具有几个发芽点,块茎有的面也分布一些芽眼可以生长成为侧芽。例如,大丽花的芽在根颈上,故分割繁殖时必须每块都要连带着芽切分。

## 4. 块茎

地茎是由不规则的地下茎膨大形成,顶部和四周有芽点,底部生根,如马蹄莲、花叶芋、晚香玉、球根秋海棠等。另外,分割时还要注意不定芽的位置,切割时不要伤及芽,而且必须每块带着芽。

## 5. 根茎

根茎是一些多年生花卉的地下茎肥大呈现粗而长的根状,并储藏营养物质。根茎在植物学上是茎,但长成根状。根茎与地上茎的结构相似,具有节、节间、退化鳞叶、顶芽和腋芽。节上常形成不定根,并发生侧芽而分枝,继而形成新的株丛。用根茎繁殖时,应至少有 2~3 个芽,如美人蕉、德国鸢尾、玉簪、香蒲、萱草等。美人蕉、鸢尾等由于含水分多,储藏期要防止冻害,切割时要保护芽体,切开的伤口处要注意防腐。

## 三、压条繁殖

压条繁殖是利用枝条的生根能力,将母株的枝条或茎蔓埋压入土中,生根后再从母株割离成独立新株的繁殖方法。对枝条进行环剥、刻伤、拧裂更可促进发根。凡扦插容易生根的种类均不使用压条法繁殖，因为用压条法繁殖数量受限制，往往在用其他方法不易成功或要求分出较大新株时使用此法。

压条繁殖常在早春发叶前，常绿树则在雨季进行。

### 1. 单枝压条

于早春植株生长前，选择母株一二年生健壮枝条，除去叶片及花芽，弯压枝条中部埋入土中。可在枝条入土部分环剥或割伤，并用钢丝钩或石压住枝条。一般一个生长季就可生根分离，这是最简易的方法。

适用植物类型：枝条长、软的灌木、小乔木和藤本植物，如迎春、三角花。

### 2. 波状压条

藤木类和蔓性植物可将近地面枝条弯成波状，连续弯曲，而将着地部分埋入土中使之生根，地面以上部分发芽。生根后逐段分成新植株。此法为波状压条法，可以用于紫藤、葡萄、铁线莲属。

### 3. 堆土压条

堆土压条适用于根部可发生萌蘖的种类，如贴梗海棠、连翘、蜡梅等。其方法是将幼龄母株在春季发芽前重剪，促进产生多数萌枝。当萌枝高 10 cm 左右时，将基部刻伤并培土，将基部的 1/2 埋入土中。生长期中可再培土 1~2 次，培土高为 15~20 cm，呈馒头形，以免基部露出，枝条根系完全生长后分割切离，分别栽植。

### 4. 空中压条

空中压条用于较高大、植株不易弯曲、枝条较硬的种类。将枝条皮剥去一半或呈环状（环），或刻伤。然后用花盆、厚纸筒、塑料布包合于刻伤处固定上。里面充以水苔、草炭或培养土，并经常浇水使之保持湿润，待 2~3 个月生根后便可切离而生成新株。常便用此种方法繁殖的花卉如米兰、杜鹃、月季、栀子、佛手、桂花、含笑、叶子花、梅花等。

## 知识拓展

水仙花又名中国水仙，是多花水仙的一个变种，石蒜科多年生草本植物。水仙花的花期在春季，多作水培观赏。水仙最常见的繁殖方式是分离侧球，侧球就是水仙花鳞茎球外两侧的小球，根部和母株连接在一起，在一般情况下，侧球是非常容易脱离母体的。在秋季将侧球与母株分离后，栽种到适宜的土壤中，第二年就能产生新球。水仙花还可以侧芽繁殖，侧芽就是鳞茎球内部长出的芽，只有在进行球根阉割的时候将鳞茎挖出，才能将其与母体脱离，将白色的芽挑出来，并在秋季时将芽撒播在盆土上，第二年就会长成新球。另外水仙花还可以分鳞片繁殖，每个鳞茎球内包含着很多侧芽，一般都是两张鳞片 1 个芽。先把鳞茎在 4~10 ℃ 的环境中放置 4~8 周，然后在常温中把鳞茎盘切小，使每块带有两个鳞片，并将鳞片上端切除留下 2 cm 作繁殖材料，再用塑料袋盛含水

50%的蛭石或含水6%的砂,把繁殖材料放入袋中,封闭袋口,放置在20~28 ℃黑暗的地方。经2—3月可长出小鳞茎,成球率为80%~90%。4—9月繁殖为宜,生成的小鳞茎移栽后的成活率高,可达80%~100%。

## 任务实施

通过分生繁殖知识的学习,来进行大丽花分株繁殖、葱兰分球繁殖。所用工具有枝剪、培养土、浇水壶等。

### 1. 大丽花分株繁殖

(1)大丽花的分株最好在冬季进行,将待分株的植物从盆中取出,用枝剪剪去枯、残、病、老根,并抖落部分附土。

(2)将每一块根及附着生于根颈上的芽一起切割下来,在切口处涂草木灰防腐,另行栽植。若根颈部发芽少的品种,可每2~3条块根带1个芽而切割,并进行适当修剪。分离植株时要小心操作,以免伤植株茎、叶,注意保留块根上的发芽点,若发芽点不明显,可先在温室中催芽。

(3)按新植株的大小选用相应规模的花盆,用碎盆片盖于盆底的排水孔上,将凹面向下,盆底用粗粒或碎砖块等形成一层排水物,上面再填入一层培养土,以待植苗。

(4)用左手拿苗放于盆口中央深浅适当位置,填培养土于苗根的四周,用手指压紧,土面与盆口应留适当距离,土面中间高,靠盆沿低。

(5)待栽植完毕后,用喷壶充分喷水,置阴处数日缓苗,待苗恢复生长后,逐渐放于光照充足处。

### 2. 葱兰分球繁殖

(1)葱兰的分球繁殖最好在春天进行。

(2)将母株从花盆倒出,去掉植株上面多余的土壤,然后将一颗颗盘根错节的根系分开。

(3)用3%的百菌清溶液先对球根进行浸泡消毒,再取出晾干,修剪枯叶,栽种到盆里,新栽植时尽量避免窝根。

(4)放在通风阴凉的地方,浇一次透水后,在3~4周内须少浇水。

## 课后练习

1. 分生繁殖有哪几种形式?举例说明。
2. 分述球根花卉、宿根花卉繁殖方式与代表种类,举例说明。

# 任务三　花卉扦插繁殖

## 任务导入

通过本任务的学习，能够在合适的时间进行多肉的叶片扦插、菊花的嫩枝扦插、月季和红叶石楠茎插等任务实践。

## 知识准备

扦插是将观赏植物部分营养器官（茎、根、叶）插于基质中，促使生根，长成新植株的一种繁殖方法。扦插是目前应用最广的一种营养繁殖的手段。它具有保持品种特性、提早开花、技术设备简单易行、繁殖系数高等特点。因此，其被广泛应用于不易结实、品种易变异的观赏植物繁殖中。

### 一、扦插的种类及方法

扦插依据材料、插穗成熟度可分为枝插（硬枝插、半硬枝插、嫩枝插）、叶芽插、叶插（全叶插、片叶插）、根插四种。

#### （一）枝插

枝插是采用花卉的枝条作为插穗的扦插方法。可在露地进行，也可在室内进行。依季节及种类不同，可以覆盖塑料棚保温或荫棚或喷雾。

**1. 硬枝插**

硬枝插是在休眠期用完全木质化的一二年生枝条做插穗的扦插方法。插条多在秋季落叶后，少数可在冬季或早春树液流动前采取。插条应选择长势旺、节间短而粗壮、无病虫害的枝条，采集后的枝条捆成束，储藏于室内或地窖的湿砂中，温度保持在 0～5 ℃。扦插时截取中段有饱满芽的部分，剪成 3～5 个芽、10～15 cm 的小段，上剪口在芽上方 1 cm 处，平剪；下剪口在基部芽上 0.3 cm，45°角斜剪。

硬枝插多在露地进行，待春季地温上升后便可开始，我国中部地区在 3 月，东北等地在 5 月。插条时应斜插，与地面成 45°角。

**2. 半硬枝插**

半硬枝插是在生长期用基部半木质化带叶片的绿枝作插穗的扦插方法。花谢 1 周左右，选取腋芽饱满、叶片发育正常、无病害的枝条，剪成 7～10 cm 的小段，上剪口在芽上方 1 cm 处，平剪；下剪口在基部芽上 0.3 cm，45°角斜剪，切面要平滑。将叶片剪去 1/2 或 1/3，插时应先开沟或用相当粗细的木棒插一孔洞，然后插入插穗的 1/2 或 2/3 部分。用手指在四周压紧或喷水压实。绿枝插的花卉有月季、大叶黄杨、小叶黄杨、女贞、桂花、含笑花等（图 2-17）。

### 3. 嫩枝插

嫩枝插是生长期采用枝条尖部嫩枝做插穗的扦插方法。在生长旺盛期,大多数的草本花卉生长快,采取 10 cm 长度幼嫩茎尖,基部削面平滑,插入蛭石、河砂基质中,喷水压实。菊花采用抱头芽进行扦插,一品红、石竹、丝石竹采用茎尖进行扦插。

多浆植物(如仙人掌类、石莲花属、景天属等),在生长旺盛期进行扦插极易生根,但剪枝后应放在通风处干燥几日,待伤口稍愈合后再扦插,否则易腐烂。插条后不必遮阴。

图 2-17　修剪好的迎春花插穗

## (二)叶芽插

叶芽插主要是温室花木类使用,用于叶插易生根,但不易长芽的种类。插穗为一芽附一片叶,芽下部带有盾形茎部一片或一小段茎,插入沙床中,露出芽尖即可(叶大的可卷起固定)。橡皮树、八仙花、菊花、万寿菊等可均使用此法。

## (三)叶插

叶插是用花卉叶片或叶柄作插穗的扦插方法。用于能自叶上发生不定芽及不定根的种类。凡能用叶插繁殖的花卉大多数有粗壮的叶柄、叶脉或肥厚的叶片。要选发育充实的叶片做插穗。

### 1. 全叶插

全叶插是以完整叶片为插穗。根据叶片放置的方式和根着生的部位,全叶插又可分为平置法和直插法。

①平置法:切取叶片后,切去叶柄及叶缘薄嫩部分以减少蒸发,在叶脉交叉处用刀切断,将叶片平铺于基质上,然后用少量砂子或石子铺压叶面或用玻璃片压叶片,使其紧贴基质不断吸收水分以免凋萎。以后在切口处会长出不定根并发芽长成小株。平置法适用于秋海棠类(图 2-18)。

图 2-18　莲座的叶片扦插

②直插法:也称叶柄插法,将叶柄插入沙中,叶片立于面上,叶柄基部就发根。大岩桐适用于此法,先于叶柄基部形成小球并生根发芽。可使用此法繁殖的还有非洲紫罗兰、豆瓣绿、球兰等。

### 2. 片叶插

将一个叶片分切成为数块,分别进行扦插,使每块叶片上形成不定芽。将蟆叶海棠叶柄叶片基部剪去,按主脉分布情况,分切为数块,使每块上均含有主脉一条,叶缘较薄处适当剪去,然后将其下端插入基质中,不久自叶脉基部生出幼小植株,下端生根后即可分栽。此法适用于蟆叶秋海棠、大岩桐、豆瓣绿、虎尾兰等。虎尾兰的叶片较长,可横切成 5 cm 左右的小段，将其下端插入沙中，注意不可倒插，自下端可生出幼株。为防上下颠倒，可在切时在形态的上端剪角作为标记。

### (四) 根插

根插是用根做插穗的扦插方法。根插法可分为以下两种。

#### 1. 细嫩根类

将根切成长 3～5 cm 的小段，撒布于插床或花盆的基质上，再覆一层土或砂土，注意保温、保湿，发根出土后可移植，如宿根福禄考、肥皂草、牛舌草、毛蕊花等均可使用此法繁殖。

#### 2. 肉质根类

将根截成长 2.5～5 cm 的插穗，插于砂内，上端与砂面齐平或稍凸出。可使用此法繁殖的有荷包牡丹、芍药、霞草、牡丹等。注意上下方向不可颠倒。

另外，扦插初期，硬枝插、半硬枝插、嫩枝插和叶插的插穗无根，为防止失水太多，需保持 90% 的相对湿度。晴天时要及时遮阳防止插穗蒸发失水，影响成活。扦插后，要逐渐增加光照，加强叶片的光合作用，尽快产生愈伤组织而生根。应随着根的生长，及时通风透气，以增加根部的氧气，促使生根快而且多。

## 二、影响插扦生根的因素

### (一) 植物种类

不同种类，甚至同种类的不同品种之间也会存在生根差异。如景天科、杨柳科、仙人掌科普遍生根容易，而菊花、月季花等品种间差异大。所以，要针对不同的生根特点采用不同的处理或采用不同的繁殖方式。

### (二) 母体状况与采条部位

营养良好、生长正常的母株是插条生根的重要基础。有试验表明，侧枝比主枝易生根；硬木扦插时取自枝梢基部的插条生根较好；软木扦插以顶梢做插条比下部的生根好；营养枝比结果枝更易生根；去掉花蕾比带花蕾者生根好；许多花卉如大丽花、木槿属、杜鹃花属、常春藤属等，采自光照较弱处母株上的插条比采自强光下的生根较好，但菊花例外。

### (三) 扦插基质

扦插基质是扦插的重要环境，直接影响水分、空气、温度及卫生条件，理想的扦插基质应具有保温、保湿、疏松、透气、洁净，酸碱度呈中性，成本低，便于运输的特点。可按不同植物的特性而配备。如蛭石呈微酸性，适宜木本、草本花卉扦插；珍珠岩酸碱度呈中性，适宜木本花卉扦插；砻糠灰新呈碱性，适宜草本花卉扦插；河床中的冲积砂，由于酸碱度呈中性，适宜草本花卉扦插。

### (四)扦插温度

不同种类的花卉,对扦插温度要求不同,喜温植物需温较高,热带植物可在25~30℃中生根,一般植物在15~20℃中较易生根。土温较气温略高3~5℃时对扦插生根有利。

### (五)水分与湿度

插穗在湿润的基质中才能生根,基质中适宜的水分含量以50%土壤持水量为宜。插条生根前要一直保持水分含量高的空气湿度,以避免插穗枝条中水分的过度蒸腾。尤其是带叶的插条,短时间的萎蔫就会延迟生根,干燥会使叶片凋枯或脱落,使生根失败。

### (六)光照强度

强烈的日光对插条会有不利的影响,因此,在扦插期间往往在白天要适当遮阴并间歇喷雾以促进插条生根。在夏季进行扦插时应设荫棚、荫帘或用水洒在温室或塑料面上以遮阴。研究表明,扦插生根期间,许多木本花卉(如木槿属、锦带花属、连翘属)在光照较弱的环境中生根较好,但许多草本花卉(如菊花、天竺葵及一品红),在有适当强光照射下的环境中生根较好。

## 三、促进生根的方法

扦插是目前花木繁殖时最常用的方法,为了提高成活率,一些经济简便的促进生根方法介绍如下。

### (一)插穗的选取

(1)插穗应在处理当时切取,天气炎热时宜于清晨切取。处理前应包裹在湿布里,并在阴凉处操作。早上的花木枝条含水量多,扦插后伤口易愈合,易生根,成活率高。

(2)选花后枝扦插,花后枝内养分含量较高,而且粗壮饱满,扦插成活后发根快,易成活。

(3)带踵扦插,从新枝与老枝相接处下部2~3 cm处下剪,这类枝条即带踵枝条。带踵枝条节间养分多、发根容易、成活率高、幼苗长势强。此法适用于桂花、山茶、无花果等的生根。

### (二)机械处理

(1)剥皮:对较难发根的品种,插穗前应先将表皮木栓层剥去,加强插穗吸水能力,可促进发根。

(2)纵刻伤:用刀刻2~3 cm长的伤口至韧皮部,可在纵伤沟中形成排列整齐的不定根。

(3)环剥:在剪穗前15~20 d,将准备用作插穗的枝条基部剥一圈皮层,宽为5~

7 mm，以利于插穗发出不定根。也可对枝条进行黄化处理，即将枝条在生长的部位遮光，使其黄化，再作为插条可提高生根力。

### (三)增加插床土温

早春扦插时常因土温较低而造成生根困难，所以，人为提高插条下端生根部位的温度，同时喷水通风降低上端芽所处环境温度，可促进生根。

### (四)药剂或激素处理

药剂或激素处理包括生长调节剂和杀菌剂，处理浓度依植物种类和施用方法而异。一般而言，草本、幼茎和生根容易的种类使用较低浓度的药剂；反之，则用较高浓度的药剂。

## 知识拓展

纸钵基质块是目前花卉、蔬菜、瓜果等园艺植物扦插和播种育苗生产中应用较为广泛的一种新型材料。它是由可降解的育苗专用纸将基质包裹而成的育苗基质块。由于基质存在一定的填充密度，纸钵虽然两头无底，但使基质不容易散坨，并保持根部的透气性，有利于插穗和插条快速生根，成长为健康且长势一致的植株，且易于移植，从而提高成活率，适用于多种园艺植物的扦插和种子繁殖。在传统的育苗方式中，无论是播种繁殖的实生苗还是扦插繁殖的扦插苗，都有一定程度的弊端。例如，苗床多次反复种植重茬就会导致土壤有根结线虫的危害。再如，种子露地直播，后期需要间苗和分级，工序繁杂，费时费力，而且拔苗和移栽的过程本身对幼苗的存活率就会造成极大的影响。纸钵基质块则能较好地解决上述问题。20世纪80年代末，国外一些公司首先发明了自动化生产纸钵的设备，后来又发明了纸钵，初步实现了工厂化生产。随着国内降解质材料和栽培基质成本的降低，越来越多的花卉、蔬菜、瓜果等园艺植物的种苗生产都开始接受纸钵育苗方式，越来越重视育苗质量和产量等效益问题。如今，纸钵的应用已经非常普遍了，但纸钵基质块在园艺植物育苗生产中应用研究的相关报道还比较罕见。

## 任务实施

通过学习扦插繁殖的知识，来扦插菊花和红叶石楠这生活中最常见的两种花卉。

所用工具有喷雾设施、繁殖床、沙、枝剪刀等。选取的插穗以老嫩适中为宜，过于柔嫩易腐烂，过老则生根缓慢。母本应生长强健、苗龄较小，生根率较高。扦插最适时期在春、夏之交。适宜的生根温度为20～25 ℃；基质温度稍高于气温3～6 ℃；土壤含量50%～60%；空气湿度80%～90%；扦插初期，忌光照太强，应适当遮阴。

**1. 菊花的嫩枝扦插**

(1)选健壮无病虫害的菊花母株，插穗最好采用嫩枝顶梢部，也可用中部枝段，用枝剪截取长5～10 cm的枝梢部分为插穗。

(2)去掉插穗部分叶片，保留枝顶2～4片叶子，如果所留的叶片较大，可剪去叶片的1/3～1/2，以减少水分的蒸腾，有利于生根。

(3)整理扦插床，扦插用土最好是河沙，要求平整、无杂质、土壤含水量为50%～60%。

(4)扦插时，先用木棒或竹签在土中插个洞，然后将插穗的1/3～1/2徐徐插入，轻捏周围土壤使之与插穗密接。

(5)扦插好后充分浇水，放荫蔽处，覆盖薄膜，保持湿润。

### 2. 红叶石楠的半硬枝扦插

(1)配制不同的溶液：1 000倍的高锰酸钾溶液；1 000倍的生根粉溶液；蔗糖泥浆溶液；以清水为对照。

(2)选取健壮无病虫害的当年生枝条，嫩茎顶梢7～10 cm，将插穗上的大叶去除，仅留顶端嫩叶，插穗基部削成45°斜面，若取中部枝条，前端平口，后端斜面。

(3)将剪下的红叶石楠插条(各50支)放入四种溶液中浸泡20 min(蔗糖泥浆只需要将插条伤口浸入即可，需要晾干植株上的泥浆才能扦插)，然后插入准备好的扦插床上，覆盖好薄膜(若中午温度过高，要揭膜)。

(4)每天查看繁殖床中基质的水分，及时用细喷雾进行喷水，并保证湿度。

(5)7～10 d后轻轻拔起插条查看是否生根。

(6)待生根后，及时去掉覆盖的薄膜，30 d后计算生根率，并填写表2-1。

表2-1　扦插记录表

| 种类名称 | 扦插日期 | 扦插株数 | 应用激素浓度及处理时间 | 插条生根情况 | | | 生长株数 | 成活率/% | 未成活原因 |
| --- | --- | --- | --- | --- | --- | --- | --- | --- | --- |
| | | | | 生根部位 | 生根数 | 平均根长 | | | |
| | | | | | | | | | |
| | | | | | | | | | |
| | | | | | | | | | |
| | | | | | | | | | |
| | | | | | | | | | |
| | | | | | | | | | |
| | | | | | | | | | |

### 课后练习

1. 简述花卉扦插的种类和方法。
2. 促进扦插生根的方法有哪些？

## 任务四　花卉嫁接繁殖

### 任务导入

请通过本任务的学习，独立完成日常生活中常见木本花卉的嫁接繁殖。

### 知识准备

花卉嫁接繁殖技术具有繁殖快、生长迅速和开花早的特点，特别适用于生长缓慢、根系发育较差及缺乏叶绿素，自身不能制造养分维持生命的白色、黄色、红色等栽培品种。嫁接还可用来繁殖缀化、石化品种，培育新品种和挽救濒危品种。

#### 一、嫁接繁殖的知识

嫁接是将一种植物的枝、芽等一部分器官移接到另一植株的根、茎上，使其长成新植株的繁殖方法。用于嫁接的枝或芽称为接穗，承受接穗的植物称作砧木。

##### (一)嫁接繁殖的特点

嫁接繁殖可提高植物对不良环境条件的抵抗力。对于某些不易用其他无性方法繁殖的花卉，如梅花、桃花、白兰等，用嫁接可大量生产种苗。另外，嫁接还可提高特殊种类的成活率，如仙人掌类的黄色、红色、粉色品种只有嫁接在绿色砧木上才能生长良好。嫁接可提高观赏植物的可观赏性，如垂榆、垂枝槐等嫁接在直立的砧木上更能体现下垂的姿态。用黄蒿作砧木的嫁接菊可高达 5 m，能开出超过 5 000 朵花，还可促进或抑制生长发育，提早开花结实，使植株乔化或矮化。

##### (二)嫁接的原理

具有亲和力的砧木和接穗，通过双方切削面紧密相接，在适宜的环境条件下，形成愈合组织，然后分化形成共同的形成层，进而产生共同的输导组织。这样，便使砧木和接穗形成了一个新的植物个体。

##### (三)砧木与接穗的选择

**1. 砧木的选择**

适宜的砧木应与接穗有良好的亲和力；砧木应适应本地自然条件，生长健壮；对接穗的生长、开花、寿命无不良影响；能满足生产上的需求，如矮化、乔化、无刺等；来源丰富，易于大量繁殖，以一二年生实生苗为佳。

**2. 接穗的采集**

接穗应从优良品种、特性强的植株上采取；枝条生长健壮充实、芽体饱满，取枝条的中间部分，过嫩不行、过老也不行；春季嫁接采用二年生枝，生长期芽接和嫩枝接采用当年生枝。枝接多在春季进行，一般以砧木的树液开始流动时为最佳；芽接在整个花木的生长季节均可进行，以砧木的皮层易剥离时最好。

## 二、嫁接技术

根据接穗方式的不同，嫁接可分为枝接、芽接和根接。

### (一) 枝接

枝接是以枝条为接穗的一种嫁接方法，常见的有切接、劈接、腹接、皮下接、靠接。

#### 1. 切接

切接一般在每年3—4月进行，适用于砧木较接穗粗的情况，最适宜1~2年生幼苗嫁接。切取生长健壮的一二年生枝条的中下部3~5 cm，带2~3个芽，离上芽1 cm处平切，基部作45°锐角斜切，一刀而下，长为2~3 cm。另外，在其对侧削去0.8 cm。在离地10~12 cm处用将砧木平切，略带木质部下切长2~3 cm。将接穗的长削面朝里插入砧木的切口内。如果砧木与接穗粗度不相近，则在对齐一侧形成层；如果砧木与接穗粗度相近，则在两侧形成层对齐，用塑料条绑紧，"露白"（在接穗与砧木切面间留2~3 mm缝隙称为"露白"，如图2-19所示）。

图2-19 "露白"

#### 2. 劈接

劈接常用于较大的砧木，一般在春季3—4月进行。砧木粗度为接穗的2~5倍，类似切接，每次可插入2个接穗。具体方法是将砧木上部截去，于中央垂直切下，劈成长约为5 cm的切口。再在接穗的下端两边相对处各削一斜面，形成楔形，然后插入砧木切口中，使接穗一侧形成层密接于砧木形成层，用塑料膜带扎紧即可。此法常用于草本植物如菊花、大丽花的嫁接和木本植物，如杜鹃花、榕树、金橘的高接换头。

#### 3. 腹接

腹接是秋季不截干的一种嫁接方法，其优点是嫁接一次失败后可及时补接。苗木和大树高接换种时采用。在砧木光滑处往下削一刀，长为3.5 cm，稍带木质部。将接穗的基部削一个长约3.5 cm的长削面，再在长削面的下端背面削长1 cm的短斜面，以便于插入。将削好的接穗插入开好的砧木接口中，使长削面向内并让接穗形成层对准，然后绑扎。

#### 4. 皮下接

皮下接也称插皮接，此法适用于较粗的砧木，砧木粗度要大于接穗的粗度。只有当砧木发芽离皮时才可嫁接。切取生长健壮的一二年生枝条的中下部5~6 cm，带2~3个芽，离上芽1 cm处平切，基部作45°锐角斜切，长为3~5 cm，再在长削面的下端背面削长 0.5 cm 的短斜面，以便于插入。在砧木距离地面 10 cm 处平切，选取一侧，用小刀划一小纵口，用刀将树皮与木质部撬开。插入接穗，长削面向里，短削面向外，对着切缝向下慢慢插入，用塑料条绑紧缠严。

**5. 靠接**

靠接前，先使砧木和接穗互相接近，然后在相当的部位将接穗和砧木的枝上各削去长为 3~5 cm，深达木质部的 1/3~1/2，再将它们互相结合，形成层对齐，用塑料薄膜扎缚。接活后将接穗自结合部以下剪去，砧木从结合部以上剪去。靠接一般在生长期进行，靠接在嫁接过程中接穗和砧木各有自己的根系，不易接活的树木多使用靠接法繁殖，多应用于盆景。

## (二)芽接

接穗为带一芽的茎片，或仅为一片不带木质部的树皮；或带部分木质部，常用于较细砧木上。按芽是否带有木质部，可分为盾形芽接和贴皮芽接。

**1. 盾形芽接**

接穗带有少量木质部，根据砧木切口的形式可分为 T 形芽接和嵌芽接。

(1)T 形芽接：选取一个饱满的芽，剪掉芽外的叶片，留下叶柄。在芽上方 1 cm 处平截，深到木质部，再从芽下方 2 cm 处向上切，把叶柄及叶腋处的芽连同树皮一起削下来，除去木质部，露出形成层，制成接穗。在砧木的光滑处开一个 T 形切口，深入木质部，再轻轻将皮剥开。把准备好的接穗插进 T 形切口内，并使接穗上方的横切口与砧木的横切口紧密对齐。绑时，叶柄和芽要露出。

(2)嵌芽接：取芽(同 T 形芽接)在砧木的光滑处横切一刀，斜向下削去皮层，深入木质部，大小同接穗。把接穗插贴到砧木上，并使接穗上方的横切口与砧木的横切口紧密对齐。绑扎时，叶柄和芽要露出。

**2. 贴皮芽接**

接穗不带木质部，贴在砧皮被剥去的部位。根据砧木切口的性状分为方形芽接、I 形芽接、环形芽接。嫁接时关键是要平、齐、快、净、紧。

## (三)根接

根接是以根作砧木，在其上接穗，可以使用完整的根系，也可以使用一个根段。

## 三、影响嫁接成活率的因素

### (一)植物内在因子

(1)砧木和接穗的亲和力。亲和力是指砧木和接穗在形态解剖、生理生化等方面相同或相近的程度，以及嫁接成活后生长发育成为一个健壮新植株的潜在能力。一般来说，在植物分类学上，亲缘关系相近的种间进行嫁接其亲和力高。影响砧穗亲和力的因素是砧穗间的亲缘关系、砧穗间细胞组织结构的差异和砧穗间生理生化特性的差异。

(2)砧穗间的亲缘关系。亲缘关系越近,亲和力越强,嫁接越易成活。

(3)砧穗间细胞组织结构的差异。当差异最小时,亲和力最强。

(4)砧穗间生理生化特性的差异。砧木吸收的营养和插穗消耗营养的数量;砧穗细胞的渗透压;原生质的酸碱度等。

## (二)技术因子

嫁接刀锋利、操作快速准确;嫁接削口光滑平整、砧穗切口形成层相互吻合,砧穗接合紧密,绑扎牢固密闭。

## (三)环境因子

(1)温度:最适温度为 20～30 ℃。

(2)湿度:用培土、套塑料袋、涂蜡、包裹保湿材料。

(3)氧气:用透气不透水的聚乙烯膜封扎。

(4)光照:黑暗条件下砧穗容易愈合。

## 四、嫁接后管理

(1)嫁接后应及时松绑,待嫁接成活后,将塑料薄膜去掉。

(2)剪砧或对砧木抹芽除萌时,讲究春季嫁接当年剪,秋季嫁接第二年剪。

(3)扶苗,克服位置效应。

## 知识拓展

### 仙人掌类髓心接

这是仙人掌类植物的嫁接方式,接穗和砧木是以髓心愈合而成的嫁接技术。仙人掌科许多种属之间均能嫁接成活,而且亲和力强。三棱剑特别适宜于缺叶绿素的种类和品种作砧木,在我国应用最普遍。而仙人掌属也是好砧木,很适宜对葫芦掌、蟹爪、仙人指等分枝低的附生型进行嫁接。

#### 1. 平接法

平接法适用于柱状或球形种类。先将砧木上面切平,外缘削去一圈皮,平展露出砧木的髓心。接穗基部平削,接穗与砧木接口安上后,再轻轻转动一下,排除接合面间的空气,使砧穗紧密吻合。用细线或塑料条做纵向捆绑,使接口密接。

#### 2. 插接法

插接法适用于接穗为扁平叶状的种类。用窄的小刀从砧木的侧面或顶部插入,形成一嫁接口,再选取生长成熟饱满的接穗,在基部 1 cm 处的两侧都削去外皮,露出髓心。将接穗插入砧木嫁接口中,用刺固定。用叶仙人掌当作砧木时,只需将砧木短枝顶端的韧皮部削去,将顶部削尖,插入接穗体的基部即可。

### 3. 仙人掌类嫁接注意事项

(1)嫁接时间以春、秋为宜，温度保持在 20～25 ℃时易于愈合。

(2)砧木接穗要选用健壮无病，不太老也不太幼嫩的部分。

(3)嫁接时，砧木与接穗不能萎蔫，要含水充足。如已萎蔫的接穗，必要时，可在嫁接前先浸水几小时，使其充分吸水。嫁接时，砧木和接穗表面要干燥。

(4)砧木接口的高低由多种因素决定。无叶绿素的种类要高接，接穗下垂或自基部分枝的种类也要接得高些，以便于造型。鸡冠状种类也要高接。

(5)嫁接后 1 周内不浇水，保持一定的空气湿度，放到阴处，不能让日光直射。约 10 d 就可去掉绑扎线了。成活后，要及时将砧木上长出的萌蘖去掉，以免影响接穗的生长。

## 任务实施

通过学习嫁接繁殖的知识，来嫁接菊花，以青蒿为砧木。所用工具有嫁接刀、塑料条、喷水壶等。菊花嫁接的步骤如下：

(1)选砧木：于秋冬或初春到野外找青蒿苗，挖回栽于苗床培养，青蒿砧木与接穗茎的粗细应相近。

(2)砧木整枝：除去部分枝叶，保留嫁接用枝。

(3)用劈接法嫁接：在距离主茎 12～15 cm 处切断青蒿，用嫁接刀，从切断面由上而下，纵切一刀；将菊花接穗修成楔形，插入青蒿枝纵切口，使其形成层吻合，用柳皮套或苦买菜草茎套好或用塑料条绑扎，伤口要密封，这样可以防雨水和防蒸腾。

(4)青蒿枝保留 1～2 片叶子，待愈合后再摘去。

(5)嫁接完毕套袋，保阴、保湿。

(6)30 d 后计算嫁接成活率，填写表 2-2。

表 2-2　扦插记录表

| 树名 | | 嫁接的时间 | 嫁接方法 | 嫁接株(枝数) | 成活率/% | 未成活原因 |
| --- | --- | --- | --- | --- | --- | --- |
| 砧木 | 接穗 | | | | | |
|  |  |  |  |  |  |  |
|  |  |  |  |  |  |  |
|  |  |  |  |  |  |  |
|  |  |  |  |  |  |  |
|  |  |  |  |  |  |  |
|  |  |  |  |  |  |  |
|  |  |  |  |  |  |  |

# 项目三  花卉栽培与养护技术

## 学习目标

**知识目标**

1. 掌握一二年生花卉、多年生花卉、木本花卉、水生花卉、露地花卉、盆栽花卉的栽培特点；
2. 掌握一二年生花卉、多年生花卉、木本花卉、水生花卉、露地花卉、盆栽花卉的栽培管理知识；
3. 了解花期调控的基本原理；
4. 熟悉花期调控的主要方法。

**能力目标**

1. 具有露地花卉、盆栽花卉的栽培管理能力；
2. 能够掌握常见花卉的露地和盆栽管理；
3. 能够掌握花期调控的基本操作；
4. 能够简单调控常见花卉的花期。

**素养目标**

1. 在露地花卉养护管理中，培养敢于吃苦、刻苦钻研的精神；
2. 栽培时，通过小组合作提高团队合作的能力；
3. 在工作中，要遵守职业岗位要求，养成良好的职业意识和职业道德；
4. 在调控花期的过程中，要培养仔细、耐心的工作态度。

## 任务一  一二年生花卉露地栽培管理

### 任务导入

请通过本任务的学习，能够完成5种以上常见的一二年生花卉露地栽培管理。

### 知识准备

#### 一、一二年生花卉露地栽培的方式

（一）直播栽培方式

将种子直接播种于花坛或花池内而生长发育至开花的过程称为直播栽培方式。

### (二)育苗移栽方式

先在育苗圃地播种培育花卉幼苗，待其长至成苗后，按要求移植到花坛、花池或各种园林绿地中的过程，称为育苗移栽方式。

## 二、一二年生花卉露地栽培的管理

### (一)间苗

间苗又称为"疏苗"。在播种幼苗出土后出现密生拥挤时，疏拔过密或柔弱的幼苗，以扩大苗间距离，有利于通风、光照，促使幼苗生长健壮。

间苗要在雨后或灌溉后进行，用手拔出。间苗时要细心操作，不可牵动留下的幼苗，以免损伤幼苗的根系，影响生长。第一次间苗在幼苗出齐、子叶完全展开时进行；第二次间苗在出现3~4片真叶时进行。间苗后需要对畦(床)面进行灌水1次，使幼苗根系与土壤紧贴、密接，这样有利于保留的苗株恢复生长。

### (二)移植与定植

#### 1. 移植

大部分露地花卉都是先在苗床育苗，经分苗和移植后，最后定植于花坛或花圃中。移栽主要是加大株间距，扩大幼苗的营养面积；切断主根，可促使侧根发生；抑制徒长；使幼苗生长充实、株丛紧密。移栽时期在真叶生出4~5枚时进行。最佳时间是幼苗水分蒸腾量极低时进行最为适宜。边移植、边浇水，待将一畦全部移植后再浇透水。应在降雨前移植，以及应选择在无风的阴天进行，天气炎热时，在午后或傍晚时进行。若移植时损伤根系，将会影响成活。

移植的方法有裸根移栽和带土移栽两种。

移栽包括起苗和栽植两个过程。移栽前应先在苗畦内灌水，待土壤湿润时起苗，不易散坨。起苗时，先用移植铲在幼苗根系周围将土切分，然后向苗根底部下铲，将幼苗崛起，小苗和易成活的大苗采用裸根移栽。用手铲将苗带土崛起，然后将根群随着的土轻轻抖落，防止将细根拉伤，随即进行栽植。一般大苗采用带土移植。先用手铲将苗四周铲开，然后从侧下方将苗掘出，保持完整的土球。较难移植的种类通常采用直播的方法。

按苗间株行距随即栽入新的畦地。种植深度要与原种植深度相一致，宜浅不宜深，种植穴要稍大一些，使根系舒展不卷曲。种植后应立即浇足水分，第2 d还需再浇1次回头水。在种植后的1周内浇水相对要勤。在夏季，移植初期要遮阴，以降低蒸发程度，避免萎蔫。

#### 2. 定植

栽植一般称为定植。也就是花卉经过几次移植后，最后一次栽植不再移植叫作定植。定植还包括将盆栽苗、经过储藏的球根及木本花卉和宿根花卉种植于不再需要移动的地方。

### (三) 灌溉

灌溉用水以软水为宜，避免使用硬水。浇水量、浇水次数与季节、土质、气候条件、花卉种类等因素有关。浇水时间因季节而异。一般来说，浇水宜在上午进行，尽量避免晚上浇水。夏季以清晨（日出前）或傍晚（日落后）为宜。此时，水温和地温相近，对根系生长活动影响小。春秋季以清早浇水为宜。此时风小光弱，蒸腾较慢，傍晚浇水，湿叶过夜，易引起病菌侵袭。冬季以上午 10：00 以后（中午前后）浇水最适宜，而早晨的气温较低，不适宜浇水。根据花卉种类和习性采用合适的浇水方法，就花卉种类的习性而言，有的需在叶面淋浇，而有的则需在土表面浇水等。

### (四) 施肥

#### 1. 花卉的需肥特点

不同类别花卉对肥料的需求不同。一二年生花卉对氮、钾要求较高，施肥以基肥为主，生长期视生长情况适量施肥。一年生花卉幼苗阶段氮肥需要量少；二年生花卉，春季需供应充足的氮肥，配施磷肥、钾肥。

宿根花卉：花后及时补充肥料，以速效肥为主，配施一定比例的长效肥。

球根花卉：对磷肥、钾肥较敏感，基肥比例可以减少，生长前期以氮肥为主，子球膨大时及时控制氮肥，增施磷肥、钾肥。

#### 2. 施肥方法

（1）基肥。常用厩肥、堆肥、饼肥、粪干等有机肥料作基肥。厩肥和堆肥多在整地前翻入土中，粪干和豆饼在播种或移植前进行沟施或穴施。基肥含氮、磷、钾的总量较多，肥效期长，缓效性肥。基肥的施用量一般花卉每 100 $m^2$ 的地面上施 110 kg。

（2）追肥。常用粪干、粪水和豆饼及化肥。粪干、豆饼可沟施或穴施。粪水和化肥，常随水冲施。化肥也可按株点施，或按行条施，施后灌水。追肥速效性肥，肥效短，可氮、磷、钾配合施用。一二年生花卉在幼苗期施氮肥可多些，以后逐渐增施磷肥、钾肥。追肥时期和次数：一二年生花卉幼苗期追肥；多年生花卉追肥 3~4 次：第一次在春季开始生长后；第二次在开花前；第三次在开花后；第四次在秋季叶枯后，配合基肥施用一些速效磷肥、钾肥。

### (五) 中耕除草

中耕除草的主要是疏松表土，减少水分的蒸发，增加土温，增加通气性和有益微生物的繁殖和活动，促进土壤中养分的分解。中耕幼苗宜浅，以后随苗株生长逐渐加深；植株长成后由浅耕至完全停止中耕；中耕时，株行中间深、近植株处浅；中耕深度一般为 3~5 cm。花卉在幼苗期和移植后不久，土面极易干燥和生杂草，应及时中耕。

### (六)修剪与整形

**1. 修剪技术措施**

(1)摘心。摘除枝梢顶芽称为摘心。顶芽是花卉植物生长旺盛的器官,含有较多的生长素,能抑制下部腋芽的萌发。一旦摘除顶芽,就会迫使腋芽萌发进而形成分枝,抑制主枝生长,增加枝条数目,并使植株矮化。运用这一特性,对着花部位在枝条顶部而又易产生分枝的花卉,如一串红、百日草常采用摘心,以使促发多量分枝,从而实现花量多的目的。摘心会推迟花期,需要尽早开花的花卉就不能摘心。植株矮小、分枝又多的三色堇、雏菊、虞美人也不宜摘心。主茎上着花多且朵大的凤仙花、风铃草、鸡冠花、向日葵、蜀葵等也从不摘心。适宜摘心的有金鱼草、桂竹香、福禄考、矮牵牛、翠菊、大丽花、五色草等。

(2)除芽。摘除不需要的腋芽或挖掉脚芽,控制花枝的数量和过多花朵的生长,使养分集中,使花朵充实而硕大。在培育独本菊时,必须除去所有腋芽。若大丽花的腋芽过多,也应常摘除。

(3)去蕾。去蕾通常是指除去侧蕾而留顶蕾,有时也指剥除不需要的花蕾,控制花朵的数量。如芍药、菊花、大丽花的侧蕾,一旦出现,应立即剥除。

剥蕾需注意:如果含苞欲放时再去侧蕾,则已消耗大量养分,为时已晚。一枝只顶端一蕾,抹去其他侧蕾,但要待不落蕾,顶蕾有十分把握时再抹去侧蕾。所以,何时剥蕾最适时,还要因种而异。球根花卉为生产球根栽培时,为了使地下部分的球根迅速变得肥大且充实,也要尽早剥蕾,以节省养分。

(4)折枝和捻梢。折枝是将新梢折曲,但仍连而不断;捻梢是指将枝梢捻转,可抑制新梢徒长,促进花芽形成。牵牛、茑萝等适用于此法。

(5)曲枝。为使枝条生长均衡,将长势过旺的枝条向侧方压曲,将长势较弱的枝条顺直,可获得抑强扶弱的效果。大立菊整形常用此方法。

(6)修枝。剪除枯枝、病虫害枝、交叉枝、密生枝、徒长枝及花后残枝等。修枝应从分枝点上部斜向剪下,伤口较易愈合,且不残留桩。

**2. 整形**

(1)单干式:只留主干,不留侧枝,使顶端开花1朵,仅用于大丽菊和标本菊的整形。将所有侧蕾全部摘除,使养分全部集中于顶蕾。

(2)多干式:留主枝数个,使开出较多的花。如大丽花留2~4个主枝,菊花则留3、5、9个主枝。其余全部剥去。

(3)丛生式:生长期进行多次摘心,促使发生多数枝条,全株成低矮丛生状,开出多数花朵,如矮牵牛、一串红、波斯菊、金鱼草、美女樱、百日草等。

(4)悬崖式:特点是全株枝条向一方伸展下垂,多用于小菊类品种的整形。

(5)攀缘式:多用于蔓性花卉,如牵牛、茑萝、月光花、旋花和斑叶葎草。使枝条攀缘附于一定形式的支架上,如圆锥形、圆柱形、棚架形和篱垣等。

(6)匍匐式:利用枝条自然匍匐地面的特性,使其覆盖地面,如旱金莲、旋花和多数地被植物等。

### 三、常见一二年生花卉栽培的管理

#### 1. 凤仙花

生态习性：喜欢温暖，不耐寒冷；喜欢阳光充足，长日照环境；喜欢湿润、排水量良好的土壤，耐干性较差；对土壤要求不严。

栽培要点：苗期间苗1~2次，3~4片真叶定植。注意排涝，薄肥勤施，可以摘心，果皮发白进行采种。

#### 2. 鸡冠花

生态习性：喜光、炎热、干燥的气候，不耐寒、不耐涝。

繁殖方法：播种繁殖。

栽培要点：苗期不宜过湿过肥，适时抹去侧芽。

#### 3. 一串红

生态习性：喜温暖和阳光充足的环境，不耐寒，耐半阴，忌霜雪和高温，怕积水和碱性土壤，喜向阳疏松、肥沃的土壤。

栽培要点：播种苗具2片真叶或叶腋间长出新叶的扦插苗应及时盆栽。传统栽培中用摘心来控制花期、株高和增加开花数。

幼苗移栽后，待4片真叶时进行第一次摘心，促使分枝。生长过程中需进行2~3次摘心，使植株矮壮，茎叶密集，花序增多。但最后一次摘心必须在盆花上市前25 d结束。盆栽一串红，盆内要施足基肥，用马掌、羊蹄甲比较好。生长前期不宜多浇水，可两天浇一次，以免叶片发黄、脱落。进入生长旺期，可适当增加浇水量，开始追肥，每月施2次，见花蕾后增施2次磷肥、钾肥，可使花开茂盛，延长花期。每次摘心后应施肥，用稀释1 500倍的硫铵，以改变叶色，效果好。

地栽一串红时，株行距要保持为30 cm。夏初开花后的植株可做强修剪，9月上旬又可长成新枝再次开花。在生长旺季除防止干旱及时浇水外，应每隔15 d左右追施1次有机液肥。如果保留母株作多年培养，应在10月上旬进行重剪，然后将其移入高温温室。

一串红种子成熟变黑后会自然脱落，因此，应在花冠开始褪色时将整串花枝轻轻剪取下来，晾晒，种子晒干后要妥善保管，防止鼠害。栽培中常见叶斑病和霜霉病危害，可用65%代森锌可湿性粉剂500倍液喷洒。常见的虫害有银纹夜蛾、短额负蝗、粉虱和蚜虫等，可用10%二氯苯醚菊酯乳油2 000倍液喷杀。

#### 4. 矮牵牛

生态习性：喜阳光充足、温暖、湿润的气候条件，以及通风良好的环境条件，喜疏松、肥沃的微酸性土壤，不耐高温、干旱，忌荫蔽，忌涝，生长适温为18~28 ℃。

栽培要点：一般当播种苗出苗后，在长出2~4片真叶时需移植一次，在长出6~8片真叶时便可上盆，用直径为10~14 cm的盆。需摘心的品种，在苗高为10 cm时进行，促使侧枝萌发，增加着花量。露地定植株距为30~40 cm。

在上盆初期，气温保持在18～20℃，随后可以降至12℃。温度低有利于植株的养分积累，使其基部分枝增多。生长初期可以适当多给水分，但在出圃前一周左右宜保持干燥，防止徒长。矮牵牛需要在长日照条件下开花，短日照会抑制花芽分化，需提供13 h的日照长度。当光照较弱、日照较短时，补充光照有利于开花。

为使植株根系健壮和枝叶茂盛，应注意适量施肥。生长季节应每15～20 d施1次稀薄的饼肥水。开花期间需多施含磷钾的液肥，使其开花不断。矮牵牛在夏季高温多湿条件下，植株易倒伏，注意修剪整枝，摘除残花，达到花繁叶茂。

在栽培中，常见病毒引起花叶病和细菌性的青枯病，防治上出现病株立即拔除并用10％抗菌剂401醋酸溶液1 000倍液喷洒防治。虫害有蚜虫、斑潜蝇危害，可以用10％二氯苯醚菊酯乳油2 000～3 000倍液喷杀蚜虫；在斑潜蝇幼虫化蛹高峰期后8～10 d喷洒48％乐斯本乳油1 000倍液或1.8％爱福丁乳油1 000倍液防治。

### 5. 三色堇

生态习性：喜欢比较凉爽的气候，较耐寒，不耐暑热。要求有适度的阳光照晒，能耐半阴，以及肥沃疏松的砂质土壤。

栽培要点：喜肥，生长期间薄肥勤施，注意排水防涝。

### 6. 羽衣甘蓝

生态习性：喜冷凉、温和气候，耐寒，苗期较耐高温，冬季耐寒、耐冻；喜阳光充足；极喜肥，生长期间必须有充足的肥料才能生长良好。对土壤适应性强，以耕层深厚、土质疏松肥沃、有机质丰富的壤土为好。气温低，叶片更好看，只经过低温春化的羽衣甘蓝才能结球良好，次年抽薹开花。

栽培要点：苗床播种苗一般在长出4～5片真叶时分苗一次，在长出6～8片真叶时可定植或上盆。花坛定植株行距为30 cm×30 cm，定植后要充分给水。不耐涝，雨季应注意排水。叶片生长过密可适当剥离外叶。

### 7. 虞美人

生态习性：喜温凉气候，较耐寒而怕暑热，伏天枯死，喜阳光充足，要求排水量良好、疏松肥沃的土壤。

栽培要点：细心间苗，不宜连作；肥水管理要细心，不要大肥、大水，从而避免湿热。

### 8. 茑萝

生态习性：喜阳光充足及温暖的环境，不耐寒，对土壤要求不严，但在肥沃的砂质土壤中生长旺盛，直根性。

栽培要点：幼苗生长慢，露地栽植可在长出4枚真叶后定植于背风向阳、排水良好的地方，株距为30～60 cm，一定要浇透水。地栽茑萝开花前追肥一次。盆栽的上盆时盆底放少量蹄片作底肥，以后每月追施液肥一次，并要经常保持盆土湿润。适当疏蔓疏叶，既有利于通风透光，又能使株形优美。花谢后应及时摘去残花防结实，使养分集中供新枝开花，延长花期。茑萝生命力强，适应性好，一般没有病虫害。

#### 9. 翠菊

生态习性：喜凉爽气候，但不耐寒，怕高温，白天适宜生长温度为 20～23 ℃，夜间适宜生长温度为 14～17 ℃；要求光照充足；喜适度肥沃、潮湿而又疏松的土壤；不宜连作。

栽培要点：出苗后应及时间苗。经一次移栽后，苗高 10 cm 时定植。翠菊定植的株行距依栽培目的及品种类型而异。园林布置用的矮生种(20～30)cm×(20～30)cm，高生种(30～40)cm×(30～40)cm；若作切花栽培株行距可适当加大。

翠菊根系浅，即不耐表土干燥又怕涝，露地栽培要保持土壤适当湿润。喜肥，栽植地要施足基肥，生长期半月施肥一次。矮型品种对栽培条件要求严，显蕾后应停止浇水以抑制主茎伸长，侧枝长至 3 cm 时可灌水 1 次。这样有助于形成较好的株型，使开花繁密。秋播切花用的翠菊，必须采用长日照处理，以促进花茎的伸长和开花。

#### 10. 金鱼草

生态习性：喜凉爽气候，较耐寒，不耐热，喜阳光，也耐半阴，对光照长短反应不敏感。生长适温，9 月至翌年 3 月为 7～10 ℃，3—9 月为 13～16 ℃，幼苗在 5 ℃的温度条件下通过春化阶段。开花适宜温度为 15～16 ℃。土壤宜用肥沃、疏松和排水良好的微酸性砂质土壤，稍耐石灰质土壤。

栽培要点：播种苗当真叶出现时以 4 cm×4 cm 的间隔移植。主茎 4～5 节时可摘心促进分枝，苗高以 10～12 cm 时为定植适期。对植株较高的品种应设置支柱，以防止倒伏。生长期施 1～2 次完全肥料，注意灌水。在适宜条件下，花后保持 15 cm，剪除地上部，加强肥水管理，可使下一季度继续开花。施用 0.02% 的赤霉素($GA_3$)有促进花芽形成和开花的作用。盆栽金鱼草常用直径为 10 cm 的盆，在播种出苗后 6 周即可移栽上盆。生长期保持温度 16 ℃，盆土湿润和阳光充足。有些矮生种播种后 60～70 d 即可开花。金鱼草对水分比较敏感，盆土必须保持湿润，排水性要好。

进行切花栽培时，需要摘心及搭网。在定植后，苗高达 20 cm 时进行摘心，摘去顶端 3 对叶片，通常保留 4 个健壮侧枝，其余较细弱的侧枝应尽早除去。摘心植株花期比不摘心的晚 15～20 d。金鱼草萌芽力特别强，无论是摘心还是独本植株，均需及时摘除这些侧芽。植株高 15～20 cm 时，搭第一层网；植株高 30～40 cm 时搭第二层网，随植株增高，网位也逐渐提高。

#### 11. 百日草

生态习性：适应性强，根系较深，茎秆坚硬不易倒伏。喜阳光、温暖，不耐寒，耐贫瘠，耐干旱，忌连作，怕湿热。

栽培要点：播种苗长出 1 片真叶后，移栽一次，苗高 5～10 cm 时取苗定植。当苗高 10 cm 时，留 2 对叶摘心，促使其萌发侧枝。当侧枝长至 2～3 对叶时，第二次摘心，促使株型饱满、花朵繁茂。地栽在肥沃和土层深厚的条件下生长良好，盆栽时以含腐殖质、疏松肥沃、排水良好的砂质培养土为佳。露地定植株行距约 30 cm×40 cm。盆栽百日草宜选矮性系的新类型和矮性大花品种，可于 2 月上旬在温室盆播，于 3 月中旬分苗移入内径为 10 cm 的盆内，每盆一株，4 月上旬换入内径在 18 cm 的盆中定植。在室温平稳、光照充足、空气流通、水肥适度的环境中，百日草在五一国际劳动节时便可开花展出。

### 12. 石竹

生态习性：耐寒性较强；喜光；不耐酷暑，在高温、高湿处生长较弱，适用于偏碱性的土壤；忌潮湿水涝，耐干旱瘠薄。

栽培要点：床播的在 5～6 片真叶时可直接上盆。根据石竹规模化生产要求及本身的特性，一般采用 12 cm×13 cm 的营养钵上盆，可一次到位，不用再换盆。常规育苗的，移植时间选择在傍晚或阴天进行，起苗时尽量多带土球，以提高成活率。定植株距为 20～30 cm。

在保护地设施条件下生产，石竹的生长速度相当快。日常养护须注意水肥的控制，浇水要适度，过湿容易造成茎部腐烂，过干容易造成植株萎蔫；施肥应掌握勤施薄肥，生长期可 0.2% 尿素和复合肥间隔施用。定植后摘心 2～3 次，从而促进分枝。另外，也可通过修剪来控制花期。

### 13. 千日红

生态习性：喜炎热干燥气候，不耐寒，耐阳光，性强健，适用于疏松肥沃、排水良好的土壤。

栽培要点：小苗比较健壮，播种时较密的育苗盘，可以经一次移植后再上盆，也可以直播穴盘，在出苗后 4～6 周上盆。采用直径为 10～14 cm 的盆。在出苗后 9～10 周开花，定植株距为 30 cm，千日红生长势强盛，对肥水、土壤要求不严，管理简便，一般苗期施氮液肥 1～2 次，生长期间不宜过多浇水施肥。在温热的季节，施肥不宜多。一般 8～10 d 施一次薄肥，与浇水同时进行。植株进入生长后期可以增加磷和钾的含量，生长期间要适时灌水及中耕，以保持土壤湿润。雨季应及时排涝。花期再追施富含磷、钾的液肥 2～3 次，则花繁叶茂，灿烂多姿。残花谢后，可进行整形修剪，仍能萌发新枝，于晚秋再次开花。苗期摘心可促使植株低矮，分枝及花朵的增多。

### 14. 彩叶草

生态习性：喜高温、湿润、阳光充足的环境，耐半阴；土壤要求疏松肥沃，忌干旱；耐寒力弱，适宜生长温度为 15～35 ℃，10 ℃ 以下叶面易枯黄脱落，5 ℃ 以下枯死。

栽培要点：播种的小苗长到 2～4 片叶时，需移植一次，移植时用竹签将小苗连根掘起，移植到营养钵中。经过两次移栽可定植，若作为花坛栽植，用口径为 7～12 cm 的盆培养。盆栽观赏应视植株大小，逐渐换大盆，盆土使用普通培养土便可。为了得到理想的株形，一般需要经过一次或两次摘心。第一次在生长出 3～4 对真叶时；第二次，在新枝留 1～2 对真叶时。花序抽出要及时摘去。彩叶草喜肥，每次摘心后都要施一次饼肥水或人粪尿，入秋后，气温适宜，生长加快，应淡肥勤施，必要时可用 0.1% 尿素进行叶面喷施。但氮肥不宜使用得过多，应多施磷肥，保持叶色鲜艳。

整个生长季要保持土壤湿润偏干，经常向叶面喷水，使叶面清新、色彩鲜艳，防止因旱脱叶。浇水量要控制，不使叶片凋萎为度。彩叶草在全日照下，叶色更鲜艳，所以一般不遮阴，在盛夏高温期，可于每天中午遮蔽阳光。

### 15. 金盏菊

生态习性：性强健，喜阳光充足，耐寒，适应性强，小苗能抗 −9 ℃ 的低温，大苗易受冻害。对土壤要求不严，但略含石灰质的土壤效果好。栽培容易，可自繁。

栽培要点：在幼苗长出 3 片真叶时移苗一次，待苗 5～6 片真叶时定植于直径为 10～12 cm 的盆中。定植后 7～10 d，摘心促使侧枝发育，控制植株高度。定植时株行距为 20～30 cm。生长快，枝叶肥大，早春及时分株并注意通风；每半月施肥 1 次，肥料充足，金盏菊开花多而大；肥料不足，花朵明显变小且多为单瓣。生长期间不宜浇水过多，保持土壤湿润便可。花谢后及时剪除，有利于花枝萌发，多开花，延长观花期。

## 知识拓展

观赏性蔬菜：有很多一二年生蔬菜具有观赏性，常见的有菊花菜、秋葵、盆栽番茄、七彩辣椒等。

菊花菜：菊花菜也称乌塌菜，植株的外形特别像盛开的菊花，植株的生长速度非常快，味道十分鲜嫩。

### 1. 种植时间

菊花菜适宜在每年春季的 4—5 月时种植，此时的光照时间较长，温度、湿度均为宜，有利于菊花菜的生长发育，在南方地区也可每年秋季的 8—9 月时种植，此时的昼夜温差较大，适宜菊花菜的发芽、生根。

### 2. 催芽方法

种植菊花菜时，要对种子催芽，将菊花菜的种子放入温度为 40～45 ℃ 的温水中浸泡 20 min，待水冷却后，可将菊花菜捞出放入清水中浸泡 24 h，然后把它放置在温度为 25～30 ℃ 的温室中进行催芽，使其种子快速发芽。

### 3. 土壤条件

菊花菜适宜生长在松软、疏松且排水性较为良好的土壤中，种植菊花菜时，需要在土壤中深耕 25 cm 左右，再往土壤中施加足够的基肥，可以使用腐熟后的农家肥料，然后把土壤中的大石头和杂草去除，促进菊花菜健康生长。

### 4. 养护管理

养护菊花菜时，需要及时将土壤中的杂草拔除，避免植株生长不良，而且在菊花菜长到 10～15 cm 时，要为其追施一次氮磷钾复合肥料，促进植株旺盛生长，并向菊花菜的叶片上喷洒磷酸二氢钾，使植株叶片的衰老速度减缓。

## 任务实施

为了便于幼苗的精细管理和环境控制，常在小面积上培育大量的幼苗。随着苗木的生长，植株间营养空间变小，光照不足，故要及时进行间苗与移植，以保证植株足够的营养空间。同时，还要通过移植断根，可促进须根发达，植株强健，生长充实，植株高度降低，株形紧凑。使用的工具有小花铲、竹签、喷水壶等。下面以给播种的羽衣甘蓝和三色堇移栽为例进行介绍。

移栽前先炼苗。移栽前几天降低土壤温度，最好使温度比发芽温度低 3 ℃左右，幼苗展开 2~3 片真叶时进行；过小操作不便、过大易伤根；起苗前半天，苗床浇一次水，使幼苗吸足水分更适合移栽；移栽露地时，整地深度根据幼苗根系而定。春播花卉根系较浅，整地一般浅耕 20 cm 左右。同时，还要施入一定量的有机肥（厩肥、堆肥等）作基肥；移栽时的操作同"间苗"，用花铲将苗挖起时要尽量多地保护好根系，以利于移植成活。移植后管理：移栽后将四周的松土压实，及时浇足水，以后连续扶苗进行松土保墒，切忌连续灌水。幼苗适当遮阴，之后进行常规的浇水施肥、中耕除草等管理。

## 课后练习

了解一二年花卉露地生长的特点，完成 5 种以上常见的一二年花卉露地栽培的管理方法。

# 任务二  多年生花卉露地栽培

## 任务导入

请通过本任务的学习，了解多年花卉露地生长的特点，完成 5 种以上常见的多年花卉露地的栽培管理方法。

## 知识准备

### 一、宿根花卉露地的栽培管理

宿根花卉生长强健，根系较一二年生花卉强大，入土较深，抗旱及适应不良环境的能力强，一次栽植后可多年持续开花。

#### 1. 整地

宿根花卉根系强大，入土较深，种植前应深翻土壤，整地深度一般为 40~50 cm，并大量施入有机质肥料，以保证较长时期良好的土壤条件。宿根花卉需要排水良好的土壤，株行距为 40~50 cm。若播种繁殖，幼苗期间喜腐殖质丰富的疏松土壤，而在第二年以后则以黏质土壤为佳。

宿根花卉种类繁多，对土壤和环境的适应能力存在着较大的差异。有些种类喜黏性土，而有些则喜砂质土壤。有些需阳光充足的环境方能生长良好，而有些种类则耐阴湿。在栽植宿根花卉的时候，应对不同的栽植地点选择相应的宿根花卉种类，如在墙边、路边栽植，可选择适应性强、易发枝、易开花的种类，如萱草、射干、鸢尾等；而在广场中央、公园入口处的花坛、花境中，可选择喜阳光充足，且花大色艳的种类，如菊花、芍药、耧斗菜等；玉簪、万年青等可种植在林下、疏林草坪等处；蜀葵、桔梗等则可种在路边、沟边以装饰环境。

#### 2. 浇水、施肥、除草

播种繁殖的宿根花卉，其育苗期应注意浇水、施肥、除草等工作，定植后一般管理比较简单、粗放，施肥也可减少。但要使其生长茂盛，花多花大，最好在春季新芽抽出时施肥，花前和花后可再追肥 1 次。秋季叶枯时可在植株四周施以腐熟厩肥或堆肥。

宿根花卉与一二年生花卉相比，更耐干旱，适应环境的能力较强，浇水次数可少于一二年生花卉。但在其旺盛的生长期，仍需按照各种花卉的习性，给予适当的水分，在休眠前则应逐渐减少浇水。

#### 3. 越冬

宿根花卉的耐寒性较一二年生花卉强，无论冬季地上是部分落叶的，还是常绿的，均处于休眠、半休眠状态。常绿宿根花卉在南方可露地越冬，在北方应温室越冬。落叶宿根花卉，大多可露地越冬，其通常采用的措施有培土法：将花卉的地上部分用土掩埋，翌春再清除泥土；灌水法：如芍药，利用水有较大的热容量的性能，将需要保温的园地漫灌，而达到保温增湿的效果。大多数宿根花卉入冬前都可采用这种方法。除此之外，宿根花卉也可以采用覆盖法保护越冬。

**4. 修剪**

宿根花卉一经定植以后连续开花，为保证其株形丰满，达到连年开花的目的，还要根据不同类别采取不同的修剪手段。移植时，为使根系与地上部分达到平衡，有时为了抑制地上部分枝叶徒长，促使花芽形成，可根据具体情况剪去地上或地下的一部分。对于多年开花，植株生长过于高大，下部明显空虚的应进行摘心。有时为了增加侧枝数目、多开花也会进行摘心，如香石竹、菊花等。一般来说，摘心对植物的生长发育具有一定的抑制作用。因此，对花卉来说，摘心次数不能过多，并不可和上盆、换盆同时进行。摘心一般仅摘生长点部分，有时可带几片嫩叶，摘心量不可过大。

## 二、球根花卉露地的栽培管理

**1. 土壤基质**

选择松软、排水好，并且富含有机质的土，可用泥炭土或腐叶土，加入少量的河沙、蛭石，配制成营养土作为它的基质，在种植前将土壤消毒。

**2. 球根选择**

选择比较饱满的，没有明显损伤和腐烂的种球。

**3. 栽培**

将球根花卉的种球埋在土壤中即可，不要掩埋太深，否则容易闷芽。注意，在种植的时候要小心操作，不要弄伤种球。

**4. 浇水**

球根花卉种植以后需要合理浇水，保持土壤湿润，但是要避免积水，否则很容易烂根。盆栽球根花卉每次浇水的时候要沿着花盆的边缘进行。

**5. 施肥**

球根花卉的种球里面蕴含的营养元素比较多，所以，对于肥料的需求并不明显，一般在开花之前不需要额外施加肥料。在生长期可以适量追施肥料，但是浓度不能太高，以防止球根腐烂。

**6. 起球储藏**

球根花卉的种球在高温或低温期会休眠，此时要剪除植株上变黄、发干的枝叶，并将种球从土中挖出来，放到一个温暖、干燥、透风的位置保存，直到休眠期结束，再将它们取出来另行栽植和培养。

## 三、常见多年生花卉露地的栽培管理

**1. 芍药**

生态习性：适应性强、耐寒、健壮，我国各地均可露地越冬。忌夏季炎热酷暑，喜阳光充足，也耐半阴；要求土层深厚、肥沃而又排水良好的砂质土壤。北京地区3月底到4月初萌芽，4月上旬现蕾，10月底至11月初地上部枯死，在地下茎的根颈处形成芽，芽以休眠状态越冬，次年春回大地即出土开花。

栽培要点：定植宜选阳光充足、土壤疏松、土层深厚、富含有机质、排水通畅的场地。定植前深耕，花坛种植株行距为 70 cm×90 cm，田间栽培株行距为 50 cm×60 cm，注意根系舒展，覆土时应适当压实。芍药喜肥，每年追肥 2～3 次。第一次在展叶现蕾期；第二次于花后；第三次在地上枝叶枯黄前后。开花前将侧蕾摘除，花后应立即剪去残枝，高型品种做切花栽培易倒伏，需设支架或拉网支撑。

芍药促成栽培可于冬季和早春开花，抑制栽培可于夏、秋季开花。肉质根株丛，应于秋季休眠期挖起，储藏在 0～2 ℃ 冷库中，用潮湿的泥炭或其他吸湿材料包裹保护，适期定植。切花在花蕾未开放时剪切，水养在 0 ℃ 条件下可储藏 2～6 周。

## 2. 鸢尾

生态习性：根茎粗壮，适应性广，在光照充足、排水良好、水分充足的条件下生长良好，也能耐旱。根茎在地下越冬，越冬根茎的顶芽萌发时形成叶片与顶端花茎，顶芽开花后即死亡，但在腋内形成侧芽，侧芽萌发后形成地下茎及新的顶芽。

栽培要点：园林栽培以早春或晚秋种植为好，地栽时应深翻土壤，施足基肥，株行距为 30 cm×50 cm，每年追肥 1～2 次，生长季保持土壤水分。

切花栽培时常进行促成栽培或抑制栽培，供应冬季、早春或秋季切花市场。促成栽培可于10月底进行，夜间保持10 ℃以上，如果补充光照，1—2月份即可开花。延迟开花可挖起株丛，在早春萌芽前保湿储藏在 3～4 ℃ 中抑制萌芽，在计划开花前 50～60 d，先将库温升到 8～12 ℃，3～4 d 后种植，可于夏、秋季开花。

鸢尾常见病虫害有射干钻心虫，严重者植物自茎基部被咬断，引起地下根状茎腐烂。幼虫期用 50% 磷胺乳油 2 000 倍喷雾，或利用雌蛾诱捕成虫；鸢尾类软腐病，多在雨季发生，发现病植株应迅速拔除，并在周围喷洒波尔多液；发现鸢尾花腐病，腐烂病株应及时摘除，并在植株上喷布苯来特、代森锌等杀菌剂。

## 3. 大丽花

生态习性：原产于墨西哥及危地马拉海拔 1 500 m 以上的山地，喜干燥凉爽、阳光充足、通风良好的环境；不耐严寒与酷暑；忌积水，不耐干旱，以富含腐殖质的砂壤土为最宜。花期避免阳光过强，生长最适温度为 10～25 ℃，经霜枝叶枯萎，以其根块休眠越冬。春季萌芽生长，夏末秋初气温渐凉花芽分化并开花，秋末经霜后，地上部分凋萎停止生长，冬季进入休眠。

栽培要点：露地栽培宜选择通风向阳和干燥地，充分翻耕，施入适量基肥后做成高畦，以利于排水。生长期应注意整枝、修剪及摘蕾。大丽花喜肥，但忌过量，在生长期，每 7～8 d 追肥一次，但夏季超过 30 ℃ 时不宜施用。立秋后生育旺盛，可每周增施肥料 1～2 次。常用稀释的液态有机肥。

盆栽宜选用扦插苗，盆土的配制以底肥充足、土质松软、排水良好为原则，由腐叶土、园土及砂土等按比例混合而成。浇水以"不干不浇、间干间湿"为原则。

### 4. 美人蕉

**生态习性**：性喜温暖、湿润气候和阳光充足的环境，不耐寒，在原产地无休眠现象，周年生长开花。适应性强，生长旺盛，不择土壤，最宜湿润肥沃的深厚土壤，稍耐水湿。生育适温较高，以 25～30 ℃为宜。

**栽培要点**：一般春季栽植，暖地宜早，寒地宜晚。选择阳光充足的地块，栽前充分施基肥，栽植丛距为 30～40 cm，覆土约 10 cm。生育期间还应多追施液肥，保持土壤湿润。暖地不起球时，冬季齐地重剪，最好每 2～3 年分株一次，采收后的根茎放于潮湿的砂中或堆放在通风的室内，室温保持在 5～7 ℃可安全过冬。

### 5. 百合

**生态习性**：喜凉爽，较耐寒。高温地区生长不良。喜干燥，怕水涝。土壤湿度过高则引起鳞茎腐烂死亡。对土壤要求不严，在土层深厚、肥沃疏松的砂质土壤中，鳞茎色泽洁白、肉质较厚。在黏性重的土壤不宜栽培。根系粗壮发达，耐肥。

**栽培要点**：百合花盆栽培养土宜用腐叶土、砂土、园土，以 1∶1∶1 的比例混合配制，盆底施足充分腐熟的堆肥和少量骨粉及草木灰作为基肥。百合花喜光，如果缺乏阳光，长期遮阴就会影响正常开花。另外，生长期每周还要转动花盆一次，否则植株容易偏长，影响美观。百合生长、开花温度为 16～24 ℃，低于 5 ℃或高于 30 ℃生长几乎停止，而在 10 ℃以上，植株才会正常生长，超过 25 ℃时生长又停滞，如果冬季夜间温度低于 5 ℃持续 5～7 d，花芽分化、花蕾发育会受到严重影响，推迟开花甚至盲花、花裂。浇水只需保持盆土潮润，但生长旺季和天气干旱时须勤浇，并常在花盆周围洒水，以提高空气湿度。盆土不宜过湿，否则鳞茎易腐烂。百合对肥料要求不是很高，通常在春季生长开始及开花初期酌施肥料即可。国外一些栽培者认为，百合花对氮肥、钾肥需求较大，生长期应每隔 10～15 d 施肥一次，而对磷肥要限制供给，因为磷肥偏多会引起叶子枯黄。花期可增施 1～2 d 磷肥。

### 6. 马蹄莲

**生态习性**：喜温暖、湿润和阳光充足的环境，不耐寒和干旱。生长适温为 15～25 ℃，夜间温度不低于 13 ℃，若温度高于 25 ℃或低于 5 ℃，则被迫休眠。马蹄莲喜水，生长期土壤要保持湿润，夏季高温期块茎进入休眠状态后要控制浇水。土壤要求肥沃、保水性能好的黏质壤土，pH 值为 6.0～6.5。

**栽培要点**：马蹄莲盆土宜肥沃，中性或偏酸性，繁殖通常在花后，剥取块茎四周小球培养一年，来年开花。马蹄莲喜温暖、湿润及稍有遮阴的环境，但花期要阳光充足，否则佛焰苞带绿色，影响品质。须保证每天 3～5 h 光照，否则叶柄会伸长影响观赏价值。马蹄莲耐寒力不强，10 月中旬要移入温室。夏季需要在遮阴情况下，经常喷水降温、保湿。马蹄莲喜湿润、肥沃土壤，即人们常说的"大肥大水"，生长期间要多浇水。追肥可用腐熟的豆饼水等液肥与化肥（复合肥或磷酸二铵）轮换施用，每隔两周追施一次。追施液肥时，切忌将肥水浇入叶鞘内以免腐烂。

### 7. 郁金香

**生态习性**：郁金香属长日照花卉，性喜向阳、避风，冬季温暖、湿润，夏季凉爽、干燥的气候。8 ℃以上便可正常生长，一般可耐－14 ℃低温。耐寒性很强，在严寒地区如有厚雪覆盖，鳞茎就可在露地越冬，但怕酷暑，如果夏天来得早，盛夏又很炎热，则鳞茎休眠后难以度夏。要求腐殖质丰富、疏松肥沃、排水良好的微酸性砂质土壤。忌碱土和连作。

栽培要点：郁金香的生长期适宜温度为5～20 ℃，最佳温度为15～18 ℃，植株的生育温度应保持在0～25 ℃。郁金香根系的生长温度宜在5～14 ℃的环境中，尤以10 ℃左右最佳。花芽分化的适温为17～23 ℃，而当超过35 ℃时，花芽分化会受到抑制。另外，郁金香有较强的耐寒性，冬季可耐－35 ℃的低温，当温度保持在8 ℃以上时开始生长。在栽培过程中切忌灌过量水，但定植后一周内需水量较多，应浇足，发芽后需水量减少，尤其是在开花时水分不能多，浇水应做到"少量多次"，如果过于干燥，发育会显著延缓，郁金香生长期间，空气湿度以保持在80%左右为宜。种球发芽时，其花芽的伸长会受到阳光的抑制。因此，必须深植，并进行适度遮光，以防止直射阳光对种球生长产生不利的影响。

土壤以砂质土壤为好，酸碱度以中性偏碱为好。郁金香较喜肥，栽培前要施足基肥。种球生出两片叶后可追施1～2次液体肥，生长旺季每月施3～4次氮、磷、钾均衡的复合肥，花期要停止施肥，花后施1～2次磷酸二氢钾或复合肥的液肥。

收获后的种球应尽量放于通风、干燥、凉爽的地方。有条件的可在7—8月高温季节把种球放于温度为15～17 ℃的储藏室中，则种球发育顺利，并能促进其花芽分化和发育。若种球置于35 ℃以上的高温下，则会出现花芽败育，发育畸形。

### 8. 水仙

生态习性：水仙为秋植球根类温室花卉，喜阳光充足，生命力顽强，能耐半阴，不耐寒。7—8月落叶休眠，在休眠期鳞茎的生长点部分进行花芽分化，具秋冬生长、早春开花、夏季休眠的生理特性。水仙喜光、喜水、喜肥，适用于温暖、湿润的气候条件，喜肥沃的砂质土壤。生长前期喜凉爽、中期稍耐寒、后期喜温暖。因此，要求冬季无严寒，夏季无酷暑，春、秋季多雨的气候环境。

栽培要点：栽培水仙有水培法和土培法两种方法。水培法即用浅盆水浸法培养。将经催芽处理后的水仙直立放入水仙浅盆中，以加水淹没鳞茎的1/3为宜。盆中可用石英砂、鹅卵石等将鳞茎固定。白天水仙盆要放置在阳光充足的地方，晚上移入室内，并将盆内的水倒掉，以控制叶片徒长。次日早晨再加入清水，注意不要移动鳞茎的方向。刚上盆时，水仙可以每天更换一次水，以后每2～3 d更换一次，花苞形成后，每周更换一次水。水仙水养期间，特别要给予充足的光照，白天要放在向阳处，晚间可放在灯光下。这样可防止水仙茎叶徒长，而使水仙叶短宽厚、苗壮，叶色浓绿，花开香浓。水养水仙一般不需要施肥，如有条件，在开花期间稍施一些速效磷肥，花可开得更好；土培法家庭较少采用。

### 9. 葱兰

生态习性：葱兰喜肥沃土壤，喜阳光充足，耐半阴与低湿，宜肥沃、带有黏性而排水好的土壤。较耐寒，在长江流域可保持常绿，在0 ℃以下也可存活较长时间。在一

10 ℃左右的温度条件下，短时不会受冻，但时间较长则可能冻死。葱兰极易自然分球，分株繁殖容易，栽培需要注意冬季适当防寒。

栽培要点：葱兰喜欢温暖气候，但夏季高温、闷热（35 ℃以上，空气相对湿度在80%以上）的环境不利于它的生长；对冬季温度要求很严，当环境温度在 10 ℃以下停止生长，在霜冻出现时不能安全越冬。葱兰适宜富含腐殖质和排水良好的砂质土壤。每年追施 2～3 次稀薄饼肥水，即可生长良好，开花繁茂。盆栽时，盆土宜选疏松、肥沃、排水畅通的培养土，生长期间浇水要充足，宜经常保持盆土湿润，但不能积水。天气干旱还要经常向叶面上喷水，以增加空气湿度，否则叶尖易枯黄。生长旺盛季节，每隔半个月需追施 1 次稀薄液肥。

### 10. 风信子

生态习性：风信子习性喜阳、耐寒，适合生长在凉爽湿润的环境和疏松、肥沃、排水良好的砂质土壤中，忌积水。喜冬季温暖湿润、夏季凉爽稍干燥、阳光充足或半阴的环境。喜肥。地植、盆栽、水养均可。

栽培要点：风信子水养要求水位距离球茎的底盘要留有 1～2 cm 的空间，让根系可以透气呼吸，严禁将水加满没过球茎底部。可在每年 12 月将种球放在阔口有格的玻璃瓶内，加入少许木炭帮助防腐和消毒。其种球仅浸至球底即可，然后放置在阴暗的地方，并用黑布遮住瓶子，这样经过约 20 d 的全黑环境萌发后，再放到室外，让它接受阳光的照射，初期每天照 1～2 h，然后逐渐增至 7～8 h，大多数在天气好的情况下，到春节时便能开花了。

## 知识拓展

马鞭草（拉丁学名：*Verbena officinalis* L.），为多年生直立宿根草本植物。

形态特征：植株高为 30～120 cm，基部木质化，单叶对生，叶片卵形至长卵形，两面被硬毛，下面脉上的毛尤密。顶生或腋生的穗状花序，花蓝紫色，无柄，花萼膜质，筒状，花冠微呈二唇形，花丝极短；子房无毛，果包藏于萼内，小坚果。花期为 6—8 月，果期为 7—10 月。

播种：马鞭草可在春、夏播种，最佳育苗期为 3—4 月，当育苗环境温度在 14～24 ℃时，是满足马鞭草播种育苗的最佳温度，播种量为 1～1.5 g/m²。播种方式是开沟条播。首先将畦面土耙细，在距畦边 5 cm 处顺畦开沟，行距为 25～30 cm，沟深 15～20 cm，踩平底格，再施少量生物肥做基肥，每亩用量 15～20 kg。肥上覆土少许，将种子均匀地撒入，覆土厚度为 1～1.5 cm，稍加镇压。每亩用种量 0.5 kg。

苗期管理：为防止苗期不萌芽、徒长或立枯病等问题出现，一要有合适的播种量，切忌过于密集；二需要适度的光照促进生长健壮；三在苗期用健致 1 500 倍液＋跟多 1 500 倍液喷雾预防根腐病并壮苗。

对于小苗，一般建议每平方米栽种 16 株及以下。若太密集，通风、透光不良则容易倒伏，而太稀疏又不利于成景，故一定要注意把握密度。

## 任务实施

上盆是将已育好的种苗植入花盆的操作过程，是盆花栽培的第一步，是盆花养护管理中的基本环节。花卉幼苗植株需要相应的营养空间和合适的培养土，需要定植在一定的花盆里；花卉生长一定阶段后，盆土物理性质变劣，养分丧失或被老根充满，故必须靠换盆来维持正常的生长发育。下面介绍为迎春花、月季、菊花、红叶石楠的扦插苗上盆；给广东万年青、鹤望兰、发财树、龙血树换盆。使用的工具有枝剪、铁锹、花铲、各种规格的花盆、喷水壶等。

### 1. 上盆

(1)选健壮生根的扦插苗用花铲从扦插苗床挖起。

(2)选择与幼苗规格相应的花盆，用一块碎片盖于盆底的排水孔上，将凹面朝下，盆底可用粗粒或碎盆片、碎砖块，以利于排水，上面再填入一层培养土，以待植苗。

(3)用左手拿苗放于盆口中央深浅适当位置，填培养土于苗根周围，用手指压紧，土面与盆口留有适当的高度(3～5 cm)。

(4)栽植完毕，喷足水，暂置阴处数日来缓苗。待苗恢复生长后，逐渐移于光照充足处。

### 2. 换盆

(1)选盆土板结或花盆比较小的盆栽花卉。

(2)分开左手手指，按置于盆面植株基部，将盆提起倒置，并以右手轻扣盆边，土球即可取出。不易取出时，将盆边向他物轻扣。

(3)土球取出后，对部分老根、枯根、卷曲根进行修剪。宿根花卉换盆可结合分株进行，并刮去部分旧土；木本花卉可依种类不同将土球适当切除一部分；一二年生花卉按原土球栽植。

(4)换盆后第一次浇足水，置阴处缓苗数日，保持土壤湿润；直至新根长出后，再逐渐增加浇水量。

## 课后练习

了解多年生花卉露地生长的特点，掌握5种以上常见的多年生花卉露地栽培管理的方法。

# 任务三　木本花卉露地栽培

## 任务导入

请通过本任务的学习，了解木本花卉露地生长的特点，完成 5 种以上常见的木本花卉露地栽培管理方法。

## 知识准备

### 一、木本花卉露地栽培管理技术

#### 1. 土地选择

选择富含有机质、排水良好的土壤，不同的植物所需的 pH 值不同，如山茶喜酸性土壤，牡丹喜中性微碱性土壤。

#### 2. 浇水

视不同植物的不同生长期确定浇水的次数，一般喜水的植物浇水比较多，幼苗期浇水比较多，成苗期浇水比较少。

#### 3. 施肥

木本花卉由于种类、年龄、生长发育阶段的不同和季节的变化，对肥料的要求也有所差异。如喜肥的有桃花，中肥的有月季、八仙花，少肥的有杜鹃、山茶花；新栽植株、病弱植株不宜施肥；花期、休眠期不宜施肥。为此，施肥时必须分别对待。通常在春、秋季多施，在夏、冬季少施或不施。

#### 4. 修剪

一般在休眠期进行，不同种类、年龄、生长发育阶段的修剪程度不同。

### 二、常见木本花卉露地栽培

#### 1. 月季

生态习性：适应性强、耐寒、耐干旱，对土壤要求不严，但以富含有机质、排水良好的微酸性砂质土壤最好。喜光，但过多强光直射又对花蕾发育不利，花瓣易焦枯。喜温暖，一般气温在 22～25 ℃ 最为适宜，夏季高温对开花不利。

栽培要点：月季花喜光照充足，但在夏季要适当遮阴，而冬季要有防寒物的保护，阴天和下雪天应采取补光措施，以提高切花品质和单位面积花枝产量。夏季修剪的主要作用是降低植株高度，促发新的开花母枝。冬季在休眠期进行一次重剪，目的是使月季植株保持一定的高度，且要去掉老枝、过弱枝、枯枝等。

#### 2. 樱花

生态习性：喜光，耐寒，抗干旱，不耐盐碱，根系浅，对烟及风的抗力弱。要求深厚、疏松、肥沃和排水良好的土壤，对土壤 pH 值的适应范围为 5.5～6.5，不耐水湿。

栽培要点：定植后苗木易受旱害，除定植时充分灌水外，以后每隔 8～10 d 灌水一次，保持土壤潮湿但无积水。灌后及时松土，最好用草将地表薄薄覆盖，减少水分蒸发。樱花每年施肥两次，以酸性肥料为好。一次是冬肥，在冬季或早春施用豆饼、鸡粪和腐熟肥料等有机肥；另一次在落花后，施用硫酸铵、硫酸亚铁、过磷酸钙等速效肥料。尽量少修剪，采用自然式树形效果较好。

### 3. 蜡梅

生态习性：喜光而稍耐阴，较耐寒，在冬季气温不低于-15 ℃的地区均能露地越冬。耐旱，有旱不死之说。怕风，忌水湿，喜肥沃、疏松、排水良好的砂质土壤。

栽培要点：选向阳高燥的地方，入土不宜过深。施基肥，不忘追肥。雨季排水，注意修剪。

### 4. 紫薇

生态习性：喜光，喜温暖气候，不耐寒。适宜生于肥沃、湿润、排水良好的地方。有一定的耐旱力，不能滞水。

栽培要点：带土移栽大苗，清明时节最好。保持土壤湿润，早春施基肥。冬季要修剪。主要的病虫害有蚜虫、介壳虫、烟煤病等，不可密植、通风透光好。

### 5. 扶桑

生态习性：扶桑是强阳性树种，喜水分充足的湿润环境，尤其是高空气湿度。生长适温在 18～25 ℃，对于土壤要求不严，在肥沃和排水良好的微酸性土壤中生长茂盛。

栽培要点：盛夏期每日早晚各浇水一次；春、秋季上午如盆土干可补充少量的水，下午普遍浇一次水，生长期间还要注意叶面喷水，以提高空气湿度，特别放置阳台更应注意喷水。冬季在温室内越冬，每隔 1～2 d 浇水一次，在普通室内越冬，则每隔 5～7 d 浇水 1 次，水量不宜大。生长期追肥，一般以每 15～20 d 追液肥一次；植株幼小时，肥料宜淡，次数宜勤，成年植株肥料选较浓，间隔时间可较长。入室越冬时，在盆土表面撒一薄层干肥，肥料用粗粒饼粉、酱渣粉粒均可。养护多年后，要及时修剪，不断更新老枝，促进新枝发育。

扶桑病害不多，常发生的虫害有嫩枝叶上的蚜虫和枝干上的介壳虫。这两种害虫均可采用 40% 乐果 1 000 倍液喷杀。发现少量介壳虫时，可使用硬毛刷刷除。

### 6. 迎春

生态习性：喜光，耐寒，耐旱，耐碱，怕涝，在向阳、肥沃、排水良好的地方生长良好。

栽培要点：选择背风向阳、地势较高处，适宜生于肥沃、疏松、排水良好的中性土中。冬季施基肥，适当修剪，春夏摘心。

### 7. 山茶

生态习性：山茶属半阴性植物，宜在散射光下生长，怕直射光暴晒，幼苗需遮阴。但长期过阴对山茶生长不利，叶片薄、开花少，影响观赏价值。成年植株需要较多光照，才能利于花芽的形成和开花。

栽培要点：山茶盆栽常用 15～20 cm 盆。山茶根系脆弱，移栽时要注意不伤根系。盆栽山茶，每年春季花后或 9—10 月换盆，剪去徒长枝或枯枝，换上肥沃的腐叶土。山茶喜湿润，但土壤不宜过湿，特别盆栽，盆土过湿易引起烂根。相反，若灌溉不透、过于干燥、叶片发生卷曲，也会影响花蕾发育。

### 8. 牡丹

生态习性：性喜温暖、凉爽、干燥、阳光充足的环境。喜阳光，也耐半阴，耐寒，耐干旱，耐弱碱，忌积水，怕热，怕烈日直射。适宜在疏松、深厚、肥沃、地势高、排水良好的中性砂质土壤中生长。在酸性或黏重土壤中生长不良。

栽培要点：土壤要求质地疏松、肥沃、中性微碱。将所栽牡丹苗的断裂、病根剪除，浸杀虫、杀菌剂放入事先准备好的盆钵或坑内，根系要舒展，填土至盆钵或坑多半处将苗轻提晃动，踏实封土，深以根茎处略低于盆面或地平为宜。栽植后浇一次透水。牡丹忌积水，生长季节酌情浇水。北方干旱地区一般浇花前水、花后水、封冻水。栽植一年后，秋季可进行施肥，以腐熟有机肥料为主。春、夏季多用化学肥料，结合浇水施花前肥、花后肥。栽植当年，多行平茬。春季萌发后，留 5 枝左右，其余抹除，集中营养，使第二年花大色艳。秋、冬季，结合清园，剪去干花柄、细弱、无花枝。当盆栽牡丹生长三四年后，需要在秋季换入加有新肥土的大盆或分株另栽。

### 9. 桂花

生态习性：喜温暖，抗逆性强，既耐高温，也较耐寒。较喜阳光，也能耐阴，在全光照下，其枝叶生长茂盛，开花繁密，在阴处生长枝叶稀疏、花稀少。桂花性好湿润，切忌积水，但也有一定的耐干旱能力。桂花对土壤的要求不太严，除在碱性土和低洼地或过于黏重、排水不畅的土壤中外，一般均可生长。

栽培要点：应选在春季或秋季，尤以阴天或雨天栽植最好。在黄河流域以南地区可露地栽培越冬。生长期光照不足，影响花芽分化。地栽前，树穴内应先掺入草木灰及有机肥料，栽培后浇一次透水。新枝发出前保持土壤湿润，切勿浇肥水。一般春季施一次氮肥，夏季施一次磷肥、钾肥，入冬前施一次越冬有机肥，以腐熟的饼肥、厩肥为主。忌浓肥，尤其忌入粪尿。

因树而定，根据树姿将大框架定好，将其他过密枝、徒长枝、交叉枝、病弱枝去除，使通风透光。对树势上强下弱者，可将上部枝条短截 1/3，使整体树势强健；同时，还要在修剪口涂抹愈伤防腐膜来保护伤口。

### 10. 杜鹃

生态习性：性喜凉爽、湿润、通风的半阴环境，既怕酷热又怕严寒，生长适温为 12～25 ℃，忌烈日暴晒，适宜在光照强度不大的散射光下生长，冬季露地栽培杜鹃要采取防寒措施，以确保其安全越冬。

栽培要点：杜鹃最适宜在初春或深秋时栽植。生长适宜温度为 15～25 ℃，最高温度为 32 ℃。秋末、10 月中旬开始搬入室内，冬季置于阳光充足处，室温保持 5～10 ℃，最低温度不能低于 5 ℃，否则便会停止生长。杜鹃对土壤干湿度要求是润而不湿。一般春、秋季节，对露地栽种的杜鹃可以隔 2~3 d 浇一次透水，在炎热夏季，每天至少浇一次水。日常浇水，切忌用碱性水，浇水时还应注意水温不宜过冷，尤其在炎热夏天，用过冷水浇透，造成土温骤然降低，影响根系吸水，干扰植株生理平衡。在每年的冬末春初，最好能对杜鹃施一些有机肥料做基肥。待 4—5 月杜鹃开花后，可每隔 15 d 左右追一次肥。秋后，可进行最后一次追肥，而入冬后一般不宜施肥。

日常修剪需剪掉少数病枝、纤弱老枝，结合树冠形态删除一些过密枝条，增加通风透光，有利于植株生长。蕾期应及时摘蕾，使养分集中供应，促花大色艳。修剪枝条一般在春、秋季进行，剪去交叉枝、过密枝、重叠枝、病弱枝，及时摘除残花。整形的方法一般是以自然树形略加人工修饰，因树造型。

## 知识拓展

### 杨玉勇：把云南芬芳卖到全世界

昆明杨月季园艺有限责任公司成立于 1999 年，主要产品有月季花、玫瑰花、绣球等多种切花、切枝及切叶。公司以花卉科技创新为主导，进行花卉产业综合开发，业务涉及花卉种质资源收集、新品种选育、新产品开发等领域。收集种植蔷薇属 9 类 1 800 余种，其中自主知识产权品种 41 种。种植绣球属 300 余种，其中自主知识产权品种 15 种，近 100 亩，已成为国内最大的种质资源、新品种选育、商品切花的生产基地。公司的成功离不开董事长杨玉勇 40 多年以来的努力。"花痴"杨玉勇是改革开放后的第一届大学生，这个东北汉子因为痴情于花，从祖国东北来到西南，再把云南芬芳的鲜花卖到了全世界。大学毕业后，杨玉勇在辽阳市农机部门工作，但是他心中一直留着那个种花的梦。1988 年，国家机关进行第二次机构改革，杨玉勇停薪留职，之后 10 年，他在东北完成了知识、资金、技术的原始积累。1998 年，已经把鲜切花生意做得风生水起的杨玉勇再次做出了一个"大胆"的决定——南下昆明，在马金铺成立昆明杨月季园艺有限责任公司。2000 年，杨玉勇将月季鲜切花卖到了香港，2001 年，他将 20~30 个品种的月季鲜切花每周两次发往欧洲，到 2008 年，杨月季的鲜切花配送到了日本、澳大利亚和欧洲等地，并且使用了杨月季（YYY）商标，让"云花"在国外家喻户晓。把中国的鲜切花出口到国外，这是杨玉勇当初来滇的重要目标。马上，杨玉勇又立下了一个新的志向：培育出自己的新品种。经过 4 年的研究培育，2004 年，中国拥有第一个自主知识产权的月季品种"冰清"在杨玉勇手中诞生了，它填补了我国鲜切花领域自主育种的空白。此后，杨玉勇越战越勇，在研发上不断突破，到目前"杨月季"已获得 51 个专利品种。2008 年以后，杨玉勇在绣球花属的领域里，开展大规模杂交育种，目的是选择适合露天生产的绣球花品种，引进一大批南半球的木本花卉用来绿化荒山。功夫不负有心人，2015 年"青山绿水""花团锦簇"等 9 个绣球花新品种获得了国内唯一的知识产权，填补了国内绣球属植物新品种的空白。截至目前，蔷薇属和绣球属的 4 个品种获得欧盟授权，可以在国际上向种植销售方收取专利费用。回首过往的 40 多年，杨玉勇一直在追梦的路上不停行走，那份爱花的初心还将伴随他走得更远。杨玉勇深有感触，改革开放越来越深入，社会环境越来越公平，国家也越来越强大。

## 任务实施

5～6名同学为一组，为校园内的桂花树施肥并修剪。在距离树盘50 cm的位置挖一个深为10～20 cm，宽为10～15 cm的环形沟，在其中施入有机复合肥，然后用土把肥料盖住；将其上的过密枝、徒长枝、交叉枝、病弱枝去除，使通风透光。

## 课后练习

请问木本花卉的管理要点是什么？

## 任务四　水生花卉露地栽培

### 任务导入

请通过本任务的学习，了解水生花卉露地生长的特点，掌握 5 种以上常见的水生花卉露地栽培管理方法。

### 知识准备

#### 一、水生花卉的园林应用

(1) 园林水体周围及水体中植物造景的重要花卉。
(2) 花卉专类园、水生园的主要材料。
(3) 常作为主景或配景栽植于湖岸和各种水体中。

#### 二、水生花卉露地栽培管理技术

**1. 土壤选择**

栽培水生花卉的水池应具有丰富、肥沃的塘泥，水生花卉定植后，追肥比较困难，因此，需要在栽植前施足基肥。已栽植过水生花卉的池塘一般有腐殖质的沉积，视其肥沃程度确定施肥与否，新开挖的池塘必须在栽植前加入塘泥并施入大量有机肥料。

**2. 除草**

水生花卉在幼苗期的生长速度较慢，从栽植开始到植株的生长过程，必须时时除草（特别是水绵的危害）。

**3. 水位调节**

水生花卉在不同的生长季节（时期）所需的水量也有所不同，调节水位时应掌握先由浅入深、再由深到浅的原则。

**4. 防风防冻**

水生植物的木质化程度差，纤维素含量少，抗风能力差，栽植时，应在东南方向选择有防护林等地方为宜。耐寒的水生花卉直接栽植在深浅合适的水边和池中，如千屈菜、水葱、芡实、香蒲等，一般不需要特殊保护，对休眠期水位没有特别要求。半耐寒性水生花卉，如荷花、睡莲、凤眼莲等可缸植，放入水池特定位置观赏，秋、冬季取出，放置于不结冰处即可，也可直接栽于池中，冰冻之前提高水位，使植株周围尤其是根部附近不能结冰，少量栽植时可人工挖掘储存。根据各种植物的需求，遮光率一般控制在 50%～60%，多采用黑色或绿色的遮阳网遮阴。

### 三、常见水生花卉露地栽培技术

#### 1. 荷花

生态习性：相对稳定的平静浅水、湖、沼泽地、池塘是其适生地。荷花对失水十分敏感，夏季只要 3 h 不灌水，水缸所栽荷叶便萎靡，若停水一日，则荷叶边焦，花蕾回枯。荷花还非常喜光，生育期需要全光照的环境。荷花极不耐阴，在半阴处生长就会表现出强烈的趋光性。

栽培要点：生长前期，水层要控制在 3 cm 左右，水太深不利于提高土温。夏天是荷花的生长高峰期，切不可缺水。入冬以后，盆土也要保持湿润以防止种藕缺水干枯。荷花的肥料以磷钾肥为主，辅以氮肥。如土壤较肥沃，则全年可不必施肥。腐熟的饼肥、鸡鸭鹅粪是最理想的肥料。

#### 2. 睡莲

生态习性：喜高温水湿、强光、通风良好的环境，在富含腐殖质的黏土中生长良好。生长季节池水深度以不超过 80 cm 为宜。3—4 月萌发长叶，5—8 月陆续开花，每朵花开放 2～5 d，日间开放，晚间闭合，个别能维持 1 周不凋谢。花后结实。10—11 月茎叶枯萎。翌年春季又重新萌发。

栽培要点：池塘栽培，早春应将池水放干，将根茎附近的土疏松，施入基肥后再壅泥，然后灌水，以后每隔 3 年左右更新一次，如盆栽，每年春分前后，应结合分株翻盆换泥，并施适量腐熟豆饼作基肥，重新栽种。睡莲属浮叶植物，很容易遭受杂草危害，应及时清除杂草。

#### 3. 王莲

生态习性：性喜高水温和高气温、相对湿度为 80%、光照充足和水体清洁的环境。室温低于 20 ℃ 便停止生长。喜肥，尤喜有机肥。

栽培要点：温室水池栽培，经 5～6 次换盆后，待叶片长至 20～30 cm 时便可定植。一株王莲需水面面积为 30～40 m²，池深为 80～100 cm，池中设立种植槽或台，并设置排水管和暖气管，以保证水体清洁和水温适当。定植前要先将水池消毒，定植时应注意将幼苗生长点露出水面。开始时，水不宜太深，没过浮叶便可。

#### 4. 慈姑

生态习性：对气候和土壤的适应性很强，池塘、湖泊的浅水处或水田中、水沟渠中均能很好生长，但喜温暖气候，阳光充足的环境；喜富含腐殖质而土层不太厚的黏质土壤。

栽培要点：管理较简单、粗放，最适栽植期为终霜过后，盆栽时，盆土以在含大量腐殖质的河泥中施入马蹄片作基肥为宜，株距为 15～20 cm，在泥土上保持 10～20 cm 的水层，将其放置于向阳、通风处，如在园林水体中种植，若根茎留原地越冬时，须注意、不应使土面干涸，应灌水，且保持水深在 1 m 以上，以防止发生冻害。

#### 5. 千屈菜

生态习性：喜强光，耐寒性强，喜水湿，对土壤要求不严，在深厚、富含腐殖质的土壤中生长得更好。

栽培要点：定植后至封行前，每年中耕除草3~4次。春、夏季各施一次氮肥或复合肥，秋后追施一次堆肥或厩肥，经常保持土壤潮湿。

## 知识拓展

王莲是著名的水上观赏植物。著名的亚马孙王莲是1801年由德国植物学家Haenke T. 在南美旅行时发现，在亚马孙河一条名叫Mamore的支流中发现，1827年，以当时英国女王Victoria（维多利亚）的名字作为王莲的属名。1850年，被引种到欧洲。1959年，中国从德国引种并在温室内栽培获得成功，称之为"王莲"。此后，王莲在南京、北京、上海、郑州、广州等多处植物园被人们栽培。1963年，华南植物园从罗马尼亚、美国等地引种克鲁兹王莲，经多年引种驯化培育，现植于荫生园后面的池塘、热带雨林水生植物池、温室群室外池塘等地。王莲是热带著名水生庭园观赏植物，具有世界上水生植物中最大的叶片，直径可达3 m以上，叶面光滑，叶缘上卷，犹如浮在水面上的翠绿色大玉盘；因其叶脉与一般植物的叶脉结构不同，成肋条状，似伞架，所以具有很大的浮力，最多可承受六七十千克重的物体而不下沉。夏季开花，单生，浮于水面，初为白色，次日变为深红色而枯萎，香味浓厚。王莲是典型的热带植物，喜高温、高湿，耐寒力极差，当气温下降到20℃时，生长停滞；当气温下降到14℃左右时，有冷害，当气温下降到8℃左右时，便会受寒死亡。在西双版纳的正常年份，可在露地越冬并能结出种子，所结种子可以繁殖后代，但在特寒年份会产生冻害。王莲在广州、南宁，暖年份可在露地越冬，一般年份需有保温设施，方可越冬。王莲在北回归线以北的广大地区，即使是较暖年份也不能在露地越冬，只能在特制的温室内越冬。

## 任务实施

每10名同学为一个小组，将校园内小池塘里的杂草拔除，观察睡莲根是否裸露在水中，如果存在这种现象，将池塘内其他没有睡莲生长的地方的塘泥挖出来，将裸露的睡莲根盖住。

## 课后练习

简述水生花卉的栽培要点。

# 任务五　花卉盆栽管理

## 📋 任务导入

请通过本任务的学习,了解花卉盆栽生长特点,掌握5种以上常见的盆栽花卉栽培管理方法。

## 📖 知识准备

### 一、花卉盆栽的特点

(1)花卉盆栽小巧玲珑,有利于搬移,可随时取用,灵活取用。盆花可根据不同的时期、不同的观赏用途、装饰不同的场合而取用不同的花卉。

(2)能充分利用土地。盆栽花卉可按植株大小选用花盆。在摆放时,株距按冠大小决定。因此,单位面积上可栽培数倍于地栽的花卉。各自具有独立的土壤和肥水条件,只要选择有适当阳光的场所,都可以放置。尤其对城市业余爱花者更为方便,无论阳台、窗台、走廊、屋顶、墙根、院角,甚至在墙上或檐前设架,均可摆设或吊置。

(3)花卉盆栽条件能人为控制。盆栽花卉因搬动灵活,可以随时采取措施,人为控制栽培条件。例如,冬季可保温防冻,夏日可防晒、防暑;花期搬入室内,可防雨以延长开花日期;可采取措施,延长或缩短光照时间,以提早或延迟花期;又可高度集中防治病虫危害等。

### 二、常用的花盆类型

(1)瓦盆:又称素烧盆,是使用最广泛的栽培容器。通气性强、排水性好且价格低,但是易破损、重、盆壁易生苔藓、盆土易干。

(2)釉盆:又称陶瓷盆,其形状有圆形、方形、菱形。外形美观,有彩色图案,适用于室内装饰。质地比较细密、结实耐用,比瓦盆美观,但是通透性差、价格较高。

(3)塑料盆:用聚氯乙烯按一定模型制成,薄而轻巧、不易损坏、运输方便、价格低,但由于通气性差,时间长了易老化破损。

(4)水养盆:专用于水生花卉盆栽,盆底无排水孔,盆面阔而浅,美观,但易破损。

(5)兰盆:专用于气生兰及附生蕨类植物栽培,盆壁有各种形状的孔洞,以利于空气流通。

(6)吊盆:利用麻绳、尼龙绳、金属链等将花盆或容器悬挂起来,作为室内装饰,具有"空中花园"的特殊美感。

(7)木盆或木桶:一般选用材质坚硬、不易腐烂、厚度为0.5~1.5 cm的木板制作而成,其形状分为圆形和方形。

花盆的形状多样、大小不一,常依花卉的种类、植株的高矮和栽培目的不同而分别选用。

在选择花盆时，要注意以下几点：首先，考虑适用性，即被选择的花盆是否能满足花卉生长发育的需要，否则便不能采用；其次，考虑美观性，所选择的花盆要适合盆花的摆放或陈列，最好能起到画龙点睛、衬托盆花的作用；再次，考虑实用性，目前，盆花生产一般都具有一定的规模，因此，在选择花盆时，一定要对盆花的运输和损坏等因素充分考虑；最后，还必须考虑经济性，要尽量选择物美价廉的花盆，从而降低生产成本。

### 三、培养土

#### (一)常见的培养土种类

培养土应团粒结构良好，疏松透气，排水保水；腐殖质丰富，肥效持久；酸碱度要适宜。

**1. 堆肥土**

堆肥土是由植物的残枝落叶、旧换盆土、垃圾废物、青草及干枯的植物等，一层一层地堆积起来，经发酵腐熟而成，其中含有较多的腐殖质和矿物质，一般呈中性或微碱性，pH 值为 6.5～7.4。

**2. 腐叶土**

秋季收集落叶，以落叶阔叶树最好。针叶树及常绿阔叶树的叶子，多革质，不易腐烂，草本植物的叶子质地太幼嫩，禾本科等植物的老硬茎、叶，均不适用。腐叶土堆制的方法：将落叶、厩肥与园土层层堆积。先在地面铺一层落叶，厚度为 20～30 cm；上面铺一层厩肥，厚度为 10～15 cm；最好在厩肥上再撒一层骨粉；然后铺上一层园土，厚度约为 15 cm；最后堆成高为 150～200 cm 的肥堆，上加覆盖物，以防止雨水浸入。

腐叶土的土质疏松，养分丰富，腐殖质含量多，一般呈酸性反应(pH 值为 4.6～5.2)，适用于多种盆栽花卉应用。

**3. 草皮土**

取草地或牧场的上层土壤，厚度为 5～8 cm，连草和草根一起掘取，将草根向上堆积起来，经 1 年腐熟即可应用。草皮土含有较多的矿物质，腐殖质含量较少。草皮土的 pH 值为 6.5～8，呈中性至碱性反应，常用于水生花卉、玫瑰、石竹、菊花、三色堇等。

**4. 针叶土**

针叶土是由松科、柏科等针叶树的落叶残枝和苔藓类植物堆积腐熟而成的。针叶土呈强酸性反应(pH 值为 3.5～4.0)，腐殖质含量多，没有石灰质成分，适合用来栽培杜鹃花、栀子等酸性土植物。

**5. 沼泽土**

沼泽土是池沼边缘或干涸沼泽内的上层土壤。一般只取上层约 10 cm 厚的土壤。它是由水中苔藓及水草等腐熟而成的，含多量腐殖质，呈黑色，强酸性(pH 值为 3.5～

4.0），宜用于栽培杜鹃和针叶树等。北方的沼泽土又名草炭土，一般为中性或微酸性。

### (二)培养土的配制

**1. 培养土配制的原则**

将配制培养土的材料收集、准备好后，根据各种花卉的生态习性，按照一定的比例将所取材料混合成培养土。培养土的配制是根据植物生长对土壤的要求，运用不同的材料配制成能满足其生长要求的土壤。植物种类多种多样，因此，培养土也是多种多样的。培养土的配制是将各种自然土料按照花卉所需的要求、营养比例进行调和、配制，使盆土透气、透水，又使养分中的氮、磷、钾及微量元素比例合理，以保证盆栽花卉正常生长发育。

播种和幼小的幼苗移植用轻松的土壤，不加肥或只有微量的肥分。播种用培养土是腐叶土5、园土3、河沙2；假植用土是腐叶土4、园土4、河沙2；定植用土是腐叶土4、园土5、河沙1；苗期用土是腐叶土4、园土4、河沙2。

**2. 培养土的消毒**

培养土力求清洁，因土壤中常存有病菌孢子和虫卵及杂草种子，培养土配制后，要经消毒才能使用。消毒的方法如下：

(1)日光消毒：将配制好的培养土薄薄地摊在清洁的水泥地面上，暴晒两天，用紫外线消毒，第三天加盖塑料薄膜提高盆土的温度，可杀死虫卵。这种消毒方法虽不严格，但可使有益的微生物和共生菌仍留在土壤中。兰花培养土多使用此法。

(2)加热消毒：盆土的加热消毒有蒸汽、炒土、高压加热等方法。只要加热到80 ℃，且连续30 min，就能杀死虫卵和杂草种子。如果加热的温度过高或时间过长，容易杀死有益微生物，影响它的分解能力。

(3)药物消毒：药物消毒主要使用5%的高锰酸钾溶液。将配制的盆土摊在洁净地面上，每摊一层土就喷一遍药，最后用塑料薄膜覆盖严密，密封48 h后晾开，待气体挥发后再装土上盆。

## 四、盆栽技术

### (一)上盆

将幼苗第一次移植于花盆中的过程，称为上盆。上盆一般在春季、夏季、秋季均可进行，但春季、秋季较好，夏季较少上盆。上盆按"小花栽小盆，中花栽中盆，大花栽大盆"的原则进行。其步骤是选盆、垫瓦片、填土、植苗、再填土、镇压、浇水。植苗时根系要展开；填土后使在盆土至盆缘保留3～5 cm的距离，以便日后灌水、施肥。

### (二)换盆

花苗在花盆中生长了一段时间以后，植株长大了，需要将花苗脱出换入较大的花盆中，这个过程称为换盆。一般来说，换盆次数越多，植株生长得越健壮。换盆宜在秋季植株生长即将停止时或早春枝条未萌发前进行。在植株出现花蕾时切忌换盆。换盆前一两天要先浇水一次，使盆土不干不湿。换盆的次数与时间依花卉品种的不同而异。茉莉、米兰花、月季花、扶桑、一品红、金柑等宜一年换盆一次；兰花、白兰(大盆)、山茶花、杜鹃花等可2～3年换盆一次。盆栽植物需要换盆的几种情况：花苗长大，须根已穿出排水孔；植株经过休眠，在恢复生长前要换盆，更换新土，清理腐根；若苗已长得过大，则需要分株；盆栽已有2～3年，需要更换培养土。

花苗植株虽未长大，但因盆土板结，养分不足等原因，需要将花苗脱出修整根系，重换培养土，增施基肥，再栽回原盆，这个过程称为翻盆。

## (三)转盆

在光照强弱不均的花场或日光温室中盆栽花卉时，因花苗向光性的作用而偏方向生长，这时应经常转动花盆的方向，这个过程称为转盆。定期转动花盆的方向防止植物偏冠，使其均匀生长；防止根系自排水孔穿入土中。

## (四)扦盆

扦盆，即松盆土，疏松板结盆土，使空气流通；除去土面青苔、杂草；有利于浇水和施肥。

## (五)浇水

花卉生长的好坏，在一定程度上取决于浇水的适宜与否。科学地确定浇水次数、浇水时间和浇水量。浇水要依据自然气候因子、温室花卉的种类、生长发育阶段、温室的具体环境条件、花盆大小和培养土成分等来决定。

### 1. 浇水原则

盆土见干才浇水，浇就浇透。要避免造成"拦腰水"，下部根系缺乏水分；准确掌握盆土干、湿度，通过眼看、手摸、耳听；注意水温，水温和土温不能相差太大，夏季早晚浇水，冬季中午浇水；喜阴花卉保持较高的空气湿度，经常向叶面喷水；注意夏季喷水降温；叶面有绒毛的花卉不宜向叶面喷水；花木类在盛花期不宜多喷水。

### 2. 浇水量和浇水次数

(1)依据花卉种类：蕨类植物、兰科植物、秋海棠类植物生长期要求丰富的水分。但肾蕨需水少些，在光线不强的室内，保持土壤湿润即可；铁线蕨需水较多，常将花盆放置在水盘中或栽植于小型喷泉上。多浆植物的需水量较少。

(2)依据花卉的不同生长时期：进入休眠期时，浇水量较少或不浇水；从休眠期进入生长期，浇水量逐渐增加；处于生长旺盛期，浇水量要充足；开花前的浇水量应适当控制，盛花期适当增加，结实期要适当减少。

(3)依据花卉的不同生长季节：春季的浇水量要比冬季多一些，花木每隔1～2 d浇水一次；花木每隔3～4 d浇水一次。夏季，温室花卉每天早晚各浇一次。放置露地的盆花为每天一次。夏季雨水较多时，应注意盆内勿积雨水，可在下雨前将花盆向一侧倾倒，待雨后要及时扶正。秋季，放置露地的盆花，其浇水量可减至每2～3 d浇水一次。冬季，低温温室的盆花每4～5 d浇水1次；中温温室和高温温室的盆花一般1～2 d浇水1次。

（4）依据花盆的大小和植株大小：盆小或植株较大者，盆土干燥较快，浇水次数应多些；反之宜少。

### (六) 施肥

盆花施肥的原则是薄肥勤施，看长势定用量。在上盆及换盆时，常施以基肥，生长期间施以追肥。

#### 1. 施肥的种类和方法

（1）有机肥。

①饼肥：常用作追肥，也可碾碎混入培养土中用作基肥。

②人粪尿：粪干为盆栽常用肥料。粪干可作基肥，也可作追肥。

③牛粪：牛粪加水腐熟后，取其清液用作盆花追肥。

④油渣：一般用作追肥，可混入盆面表土中，特别适用于木本花卉。因其无碱性，为茉莉、栀子等常用。

⑤米糠：含磷肥较多，应混入堆肥发酵后施用，用作基肥。

⑥鸡粪：含磷丰富、为浓厚的有机肥料，适用于各类花卉，尤其适用于切花的栽培，可用作基肥。

（2）无机肥料。

①硫酸铵：仅适用于促进幼苗生长，切花施用过多易降低花卉品质，使茎叶柔软。

②过磷酸钙：常作基肥施用。温室切花栽培施用较多。由于磷肥易被土壤固定，可以采用0.2%的水溶液进行叶面施肥。

③硫酸钾：切花及球根花卉需要较多。可用作基肥和追肥。

#### 2. 施肥的注意事项

根据花卉种类、观赏目的、不同的生长发育时期灵活掌握；多种肥料配合施用，避免发生缺素症；有机肥应充分腐熟；以少量、多次为原则。基肥与培养土的比例不要超过1/4；无机肥料的酸碱度要适合花卉的生长需求。

## 五、盆栽形式

### (一) 根据植物姿态及造型分类

根据植物姿态及造型分类，可分为直立式、散射式、垂吊式、图腾柱式及攀缘式等类型。

#### 1. 直立式盆花

直立式盆花植物本身姿态修长、高耸，或有明显挺拔的主干，可以形成直立式线条。直立式盆栽常用作装饰组合的背景或视觉中心，以增强装饰布局的气势。大型的如南洋杉、龙柏、龙血树等，小型的如旱伞草等。

**2. 散射式盆花**

散射式盆花植株枝叶开散，占用的空间大，多数观叶、观花、观果的植物属于此类。适用于室内单独摆放，或在室内组成带状或块状图形；大型的如苏铁等，小型的如月季、小丽花等。

**3. 垂吊式盆花**

垂吊式盆花茎叶细软、下弯或蔓生花卉可作垂吊式栽培，放置室内几架高处，或嵌固在街道建筑的墙面，使枝叶自然下垂，也可栽于吊篮悬挂窗前和檐下，其姿态潇洒自然，装饰性强，如吊兰、吊金钱、常春藤、鸭跖草和蔓性天竺葵等。

**4. 图腾柱式盆花**

对一些攀缘性和具有气生根的花卉，如绿萝、黄金葛、合果芋、喜林芋等，盆栽后于盆中央直立一柱，柱上缠以吸湿的棕皮等软质材料，将植株缠附在柱的周围，气生根可继续吸水供生长所需。全株型呈直立柱式，高达 2～3 m，装饰门厅、厅堂角落，十分壮观。小型的可装饰居室角落，能让室内富有生气。

**5. 攀缘式盆花**

攀缘式盆花蔓性和攀缘性花卉可以盆栽后经牵引，使附于室内窗前墙面或阳台栏杆上，使室内生机盎然。

**(二) 根据盆花植物组成分类**

根据盆花植物组成分类，可分为独本盆栽、多本群栽、多类混栽。

**1. 独本盆栽**

独本盆栽是指一个盆中栽培一株，通常是栽种本身具有特定观赏姿态特色的花卉，也是传统应用最多的方式，如菊花、仙客来、瓜叶菊、彩叶凤梨、月季花、杜鹃花、山茶花和梅花等。独本盆栽适用于单独摆放装饰或组合成线状花带。

**2. 多本群栽**

多本群栽是指相同的植物在同一容器内的栽植。对一些作独本盆栽时体量过小及无特殊姿态的花卉或极易分蘖的花卉适用于多本群栽，形成群体美。如鹤望兰、白鹤芋、广东万年青、秋海棠、豆瓣绿、虎尾兰、文竹、棕竹、旱伞草和葱兰等，可以单独摆放，也可以种植在长形种植槽内形成色块，有室内花坛的效果。

**3. 多类混栽**

多类混栽又称为组合栽培，是目前较流行的一种盆栽形式。即将几种对环境要求相似的小型观叶、观花、观果花卉组合栽种于同一容器内形成色彩调和、高低参差、形式相称的小群体，或再用匍匐性植物衬托基部，模拟自然群落的景观，成为缩小的"室内花园"。

许多植物可以多类混栽组成组合盆栽。适宜组合盆栽植物应具有以下特征：

(1) 依对环境的适应性而选材，不同种类的花卉对环境有不同的适应性。组合盆栽因其占地面积小、灵活、轻便，而可以摆放在各种不同的地方，如街道、广场、桥头、树下和阳台等。由于各个场所的光照条件不同，在选择组盆花卉时，首先要辨别哪些是耐阴的，哪些是喜光的，哪些介于这两类之间。喜光植物通常每天需要至少 6 h 的光照，不耐阴，典型的喜光植物有矮牵牛等。有些种类比较喜光，但在夏季强光的照射下，需要适当遮阳。这类植物仅在上午或下午的后半段的光照条件下生长最好，如"夏雨"天竺葵。耐阴植物具有较强的耐阴能力，通常不能忍受强光直射，尤其在气候干旱的环境下，适宜在 50%～80% 的遮阳度下生长，非洲凤仙就是典型的耐阴植物。进行组合盆栽时，需将植物分类，把对光照要求相近的植物组合在一起。

组盆选材，除因光照条件不同而分门别类外，还要注意植物对温度的要求。多数花卉是喜温、耐热的，而有部分植物是喜凉的，只适宜在春、秋季种植。这类花卉有三色堇、角堇和花坛金鱼草等。

(2)依组合盆栽的设计特点而选材，组合盆栽讲究多层次、立体感、色彩搭配合理、形式多种多样，所以，对组合盆栽植物的选择有不同要求。

①植株高度。一般将株高为 40～60 cm 的植物均归为高秆植物，株高为 20～40 cm 的植物为中等高度植物，低于 20 cm 的属低矮植物。在低矮植物中，有一类植物是为组合盆栽广泛应用的，即垂吊型植物，如垂吊矮牵牛、马蹄金等。这类植物不仅能增加组盆的整体深度，而且赋予整个作品流线感，是组盆时不可或缺的一类植物。

②植株质地。组盆时，既要选择阔叶、粗犷的植物，如彩叶草，也要选择纤细、小叶、小花型植物，如香雪球。将阔叶大花与小花细秆的植物搭配起来，可以使组盆更加丰满。

③观叶植物，约 2/3 的组合盆栽中选用了观叶植物。观叶植物与观花植物搭配可以丰富组合盆栽的叶形、叶色，并改善组合盆栽的质地，使组合盆栽更具有观赏价值。观叶植物的选择应着重于叶片的颜色，如紫色、银灰色等，这在观花植物中并不常见。还有些观叶植物具有特殊的生长习性，如垂吊形或匍匐形等。

④观花植物的花期要长，要能持续开花，最好能及时清理残花。

(3)应避免的某些植物类型：有毒的或多刺的植物；散发强烈难闻气味的植物；茎秆柔弱的高秆植物；叶型、叶色、观感一般，生长松散的观叶植物；花期很短的观叶植物。

一般一年生植物栽培容易、色彩丰富，是组合盆栽的首选植物。但将某些多年生植物，甚至小型的灌木、幼树等加入组盆中，效果也很好。

## 六、常见盆栽花卉栽培管理技术

### 1. 四季海棠

生态习性：喜阳光，稍耐阴，怕寒冷，喜温暖，喜稍阴湿的环境和湿润的土壤，但怕热及水涝，夏天注意遮阴、通风、排水。

栽培要点：光、水、温度、摘心是种好四季海棠的关键。定植后的四季海棠，在初春可直射阳光，随着日照的增强，须适当遮阴。同时，还应注意水分的管理，水分过多易发生烂根、烂芽、烂枝的现象；高温高湿易产生各种疾病，如茎腐病。定植缓苗后，每隔 10 d 追施一次液体肥料。及时修剪长枝、老枝而促发新的侧枝，加强修剪有利于保持株形的美观。栽培的土壤条件，要求富含腐殖质、排水良好的中性或微酸性土壤，既怕干旱，又怕水涝。

### 2. 天竺葵

生态习性：天竺葵原产于非洲南部。喜温暖、湿润和阳光充足环境。耐寒性差，怕水湿和高温。3—9月生长适温为 13～19 ℃，冬季生长适温为 10～12 ℃。6—7月呈半休眠状态，应严格控制浇水。宜肥沃、疏松和排水良好的砂质土壤。冬季温度不低于10 ℃，短时间能耐 5 ℃低温。单瓣品种需人工授粉，才能提高结实率。花落后 40～50 d 时，种子成熟。

栽培要点：天竺葵每年 8 月在休眠期换盆，用加肥培养土并垫蹄角片或粪干作基肥。喜旱怕涝，在春、秋季生长期内掌握见干浇水，雨季及时排水的原则。

### 3. 鹤望兰

生态习性：喜温暖、湿润气候，怕霜、雪。南方可露地栽培，长江流域作大棚或日光温室栽培。生长适温，3—10月为 18～24 ℃，10月至翌年 3月为 13～18 ℃。白天为 20～22 ℃，晚间为 10～13 ℃，对生长更为有利。冬季温度不低于 5 ℃。

栽培要点：鹤望兰的生长需要肥沃的微酸性土壤，需重肥。可种植在富含腐殖质的砂质土壤，也可用粗砂、腐叶、泥炭、园土各一份混匀而成。假如土壤较贫瘠，种植时在坑中放入腐熟的肥料或缓释性的肥料。种植后 7～10 d 追肥一次，每平方米用复合肥 0.05 kg，进入开花龄后，在产花季节的前两个月应每月补充一次 0.02％磷酸二氢钾土施，在根外追肥。

### 4. 八仙花

生态习性：喜温暖、湿润和半阴环境。八仙花的生长适温为 18～28 ℃，冬季温度不低于 5 ℃。盆土要保持湿润，但浇水不宜过多，特别雨季要注意排水，防止受涝引起烂根。冬季室内盆栽八仙花以稍干燥为好，若过于潮湿则叶片易腐烂。

栽培要点：盆栽八仙花常用直径为 15～20 cm 的盆。盆栽植株在春季萌芽后注意充分浇水，保证叶片不凋萎。花期为 6—7月，肥、水要充足，每半月施肥一次或用"卉友"21-7-7 酸肥。盛夏光照过强时，适当遮阴，可延长观花期。花后摘除花茎，促使产生新枝。花色受土壤酸碱度影响，酸性土花呈蓝色，碱性土花为红色。每年春季换盆一次，适当修剪，保持株形优美。

### 5. 朱顶红

生态习性：喜温暖、湿润气候，生长适温为 18～25 ℃，忌酷热，阳光不宜过于强烈，应置荫棚下养护。怕水涝。冬季休眠期，要求冷凉的气候，温度以 10～12 ℃为宜，不得低于 5 ℃。喜富含腐殖质、排水良好的砂质土壤。

栽培要点：朱顶红生长快，经一年生长，应换上适应的花盆。朱顶红盆土经一年或二年种植，盆土肥分缺乏，为促进新一年生长和开花，应换上新土。朱顶红经一年或二年生长，头部生长小鳞茎很多，因此，在换盆、换土的同时进行分株，把大株合种为一盆，中株合种为一盆，小株合种为一盆。朱顶红在换盆、换土、种植的同时要施基肥，上盆后每月施磷钾肥一次，施肥原则是薄肥勤施，以促进花芽分化和开花。朱顶红应在换盆、换土的同时把败叶、枯根、病虫害根叶剪去，留下旺盛叶片。为使朱顶红生长旺盛，及早开花，应进行病虫害防治，每月喷洒花药一次，喷洒花药要在晴天上午9时和下午4时左右进行，中午烈日不宜喷洒，防止药害。

### 6. 绿萝

生态习性：喜温暖、潮湿环境，要求土壤疏松、肥沃、排水良好。绿萝极耐阴，在室内向阳处即可四季摆放，在光线较暗的室内，应每半个月移至光线强的环境中恢复一段时间，否则易使节间增长，叶片变小。绿萝喜湿热的环境，越冬温度不应低于15 ℃，盆土要保持湿润，应经常向叶面喷水，以提高周围空气的湿度，从而利于气生根的生长。旺盛生长期可每月浇一遍液肥。

栽培要点：绿萝生长较快，栽培管理粗放。在管理过程中，夏季应多向植物喷水，每10天进行1次根外追肥，保持叶片青翠。

### 7. 花叶竹芋

生态习性：喜阴、喜疏松、肥沃、排水性能良好的微酸性砂质土壤。

栽培要点：栽培花叶竹芋用腐叶土、泥炭及砂配制的培养土，生长期每周施肥1次，夏季少施肥，每月两次，生长季节要注意每天浇一次水，宜多喷水，保温。冬季盆土宜保持较干燥，不宜过湿。夏季遮阴，冬季需阳光充足。

### 8. 凤梨

生态习性：喜温暖、半阴的气候环境，在疏松、肥沃、富含腐殖质的土壤中生长最好。花后老植株萌蘖芽后死亡。五彩凤梨耐半阴和干旱，怕涝，不耐高温，生长适温为18～25 ℃。

栽培要点：凤梨夏季应在半阴条件下养护，防雨水过多，防止因高温、高湿而诱发的心腐病，尤其是幼苗。

### 9. 印度橡皮树

生态习性：印度橡皮树为热带树种，原产于印度，我国各地多有栽培，北方在温室越冬。性喜暖湿，不耐寒，喜光也能耐阴。要求土壤肥沃，宜湿润，也稍耐干燥，其生长适温为20～25 ℃。

栽培要点：幼苗盆栽需用肥沃疏松，富含腐殖质的砂壤土或腐叶土，刚栽后需放在半阴处。生长期，盛夏每天需浇水外，还要喷叶面水数次，秋冬季应减少浇水。在天气较寒的地区，冬季应移入温室内。施肥在生长旺盛期，每两周施一次腐熟饼肥水。越冬温度达到3 ℃即可，黄边及斑叶品种，越冬温度要适当高些。

### 10. 米兰

生态习性：喜温暖、湿润和阳光充足的环境，不耐寒，稍耐阴，土壤以疏松、肥沃的微酸性土壤为最佳，冬季温度不低于10 ℃。

栽培要点：盆栽米兰幼苗要注意遮阴，切忌强光暴晒，待幼苗长出新叶后，每两周施肥一次，但浇水量必须控制，不宜过湿。除盛夏中午遮阴外，应多见阳光，这样米兰不仅开花次数多，而且香味浓郁。长江以北地区冬季必须搬入室内养护。

### 11. 白兰花

生态习性：喜光照充足、暖热湿润和通风良好的环境，不耐寒、不耐阴，怕高温和强光，适宜排水良好、疏松、肥沃的微酸性土壤，最忌烟气、台风和积水。

栽培要点：通常2~3年换盆一次，在谷雨过后换盆较好，并增添疏松肥土。不耐寒，除华南地区外，其他地区均要在冬季进房养护，最低室温应保持5℃以上，出房时间在清明至谷雨为宜。

### 12. 茉莉花

生态习性：喜温暖、湿润，在通风良好、半阴环境中生长最好。土壤以含有大量腐殖质的微酸性砂质土壤为最适合。大多数品种畏寒、畏旱，不耐霜冻、湿涝和碱土，冬季气温低于3℃时，枝叶易遭受冻害，如持续时间长，就会死亡。

栽培要点：盆栽茉莉花，盛夏季每天要早、晚浇水，如果空气干燥，需补充喷水；冬季休眠期，要控制浇水量，如盆土过湿，会引起烂根或落叶。生长期间需每周施稀薄饼肥一次。春季换盆后，要经常摘心整形，盛花期后，要重剪，以利于萌发新枝，使植株整齐健壮，开花旺盛。

### 13. 山茶花

生态习性：惧风喜阳、地势高爽、空气流通、温暖、湿润、排水良好、疏松肥沃的砂质土壤，黄土或腐殖土。pH值以5.5~6.5为最佳。适温为20~32℃，29℃以上时停止生长，气温超过35℃时叶子会有焦灼现象，要求有一定温差。环境湿度为70%以上，大部分品种可耐−8℃的低温。

栽培要点：盆栽山茶花应选用通透性好的素烧盆，盆栽土应进行人工配制，以保证疏松、透气，土壤呈酸性适宜。山茶花从营养生长到生殖生长的过程中，需要的养分较多，应施足缓效基肥，如牛角蹄片等。管理中还要追施速效肥，以保证生长健壮，特别是从5月起，花芽开始分化，此时每隔15~20 d施一次肥，共施三次，以满足花蕾形成所需的养分。春季干旱要及时浇水，雨季要注意排水。当花蕾长到大豆粒大时，应摘去一部分重叠枝和病弱枝上的花蕾，留蕾要注意大、中、小结合，以控制花期和开花的数量。在夏、秋两季应使山茶花处于半阴半凉而又通风的环境中，以确保栽培和开花质量。

### 14. 杜鹃

生态习性：喜酸性土壤，在钙质土中生长得不好，甚至不生长。喜凉爽、湿润、通风的半阴环境，既怕酷热又怕严寒，适宜在光照强度不大的散射光下生长，若光照过强，嫩叶易被灼伤，新叶、老叶焦边，严重时会导致植株死亡。

栽培要点：盆栽场地应注意不能积水，土壤酸性为宜，为使杜鹃根系透气和降低成本，一般选用圆台体状瓦盆，加之杜鹃根系浅，扩张缓慢。因此，应适苗适盆，以免浇水失控。盆栽杜鹃花应从幼苗期及时进行修剪，以加快植株成形和矮化，最终形成3~4个一级枝，每个一级枝上有2~4个二级枝。一般植株成形后，平时的主要养护方法是剪除病枝、弱枝和重叠紊乱的枝条，均以疏剪为主。

杜鹃常见的病害是褐斑病，主要发生在梅雨季节，是引起落叶的主要原因，防治方法是在花前、花后喷施 800 倍液托布津或硫菌磷，并注意改善光照、通风条件，随时摘除病叶并烧毁。常见的虫害是红蜘蛛，6—8 月高温干燥时尤为突出，可用 1 000 倍液杀螨特、螨死净、阿维菌素喷杀，每周一次，连续三次。

### 15. 金橘

生态习性：喜温暖、湿润和日照充足的环境条件，稍耐寒，不耐旱，南北各地均作盆栽。要求富含腐殖质、疏松肥沃和排水良好的中性培养土，如果土壤偏酸也生长不好。

栽培要点：金橘容易形成花芽，但开花量多时，坐果率低，因而保果很重要。开花时，应适当疏花，每枝留花蕾 2~3 个，同一叶腋内若抽生 2~3 个花芽，可选留 1 个。花期和坐果初期，浇水要比平时偏少。水大、水小或施大肥都会引起落花、落果。花期不可淋水，可午前、傍晚在周围环境洒水防尘，保持空气清新、湿润。待幼果长到黄豆粒大坐稳后，才可增加浇水量和适度追肥，以磷钾肥为主。发现抽生新梢，要及时摘除。除华南地区外，在入冬前应及时移入低温或中温温室养护。观果期的室温不宜偏高，盆土不可太干或太湿，保持空气清新湿润，可延长观赏时日。

### 16. 冬珊瑚

生态习性：喜温暖和光线充足的环境，要求排水良好的土壤。

栽培要点：生长期适当浇水，以不受干旱为度，盛夏每天浇水两次，谨防阵雨淋浇，否则会发生炭疽病而死亡。入冬后减少浇水，可以使挂果期延长。适量施肥，不可过多，以免徒长。冬季最低温度应保持 2 ℃以上室温。生长适温为 10~25 ℃。喜阳光，不需遮阴，每天至少保证 4 h 阳光直射。

### 17. 南天竹

生态习性：喜温暖、多湿及通风良好的半阴环境，较耐寒，能耐微碱性土壤。为常绿灌木，多生于湿润的沟谷旁、疏林下或灌丛中，为钙质土壤指示植物。

栽培要点：南天竹适宜用微酸性土壤，可按砂质土壤 5 份、腐叶土 4 份、粪土 1 份的比例调制。栽植前，先将盆底排水小孔用碎瓦片盖好，加层木炭更好，有利于排水和杀菌。一般植株根部都带有泥土，如有断根、撕碎根、发黑根或多余根应剪去，按常规法加土栽好植株，浇足水后放在阴凉处，约 15 d 后，可见阳光。每隔 1~2 年换盆一次，通常将植株从盆中扣出，去掉旧的培养土，剪除大部分根系，去掉细弱过矮的枝干定干造型，留 3~5 株为宜，用培养土栽入盆内，蔽荫管理养护，15 d 后正常管理。

### 18. 仙人掌

生态习性：喜温暖和阳光充足的环境，不耐寒，冬季需保持干燥，忌水涝，要求排水良好的砂质土壤。

栽培要点：盆栽用土，要求排水透气良好、含石灰质的砂土或砂质土壤。对新栽植的仙人掌先不要浇水，也不要暴晒，每天喷雾几次即可，15 d 后才可少量浇水，一个月后新根长出才能正常浇水。冬季气温低，植株进入休眠时，要节制浇水。开春后随着气温的升高，植株休眠逐渐解除，浇水可逐步增加。每隔 10～15 d 施一次腐熟的稀薄液肥，冬季则不要施肥。

### 19. 蟹爪

生态习性：喜温暖、湿润及半阴的环境。喜排水，透气性能良好，富含腐殖质的微酸性砂质土壤，不耐寒，冬季越冬温度不得低于 10 ℃。

栽培要点：培养土以砂质土壤为佳。最好是山泥、腐殖土、菜园土等量掺用（或者添加河砂 10%），并拌入适量发酵过的有机肥、骨粉或过磷酸钙等作基肥，还可掺入少量草木灰，使 pH 值呈中性。上盆时，要先在盆底垫上高 1/5～1/4 的碎瓦片或切割成 1～2 cm 的硬塑料泡沫，再填入培养土。蟹爪兰每年有两次旺长期和两次半休眠期，须根据这一生长规律浇水施肥。要停肥，少浇水，盆土见干见湿，以偏干为主。另外，因蟹爪兰喜湿润，无论是生长旺季还是半休眠期，都要常向茎叶喷水，以茎面稍湿而不向下流为佳。

### 20. 芦荟

生态习性：喜温暖、干燥和阳光充足的环境。不耐寒，耐干旱和耐半阴。喜肥沃、排水良好的砂质土壤。冬季温度不低于 5 ℃。

栽培要点：芦荟栽培容易，空气净化能力强，不怕阳光暴晒，直射，如果过度叶片会变成灰褐色，无光泽，严重时叶片也会被灼伤，但不会枯死。另外，还较耐阴，对环境条件要求不严，非常适合家庭栽培观赏；浇水宁少勿多，保持盆土湿润便可，不能积水；盛夏季节要适当遮阴；喜肥但耐贫瘠，若要使多长新叶，叶色碧绿有光泽，生长期每半月到一个月可施 1 次肥，加强光照，如果能创造闷热的环境条件，长势将更理想。

## 知识拓展

### 盆栽红掌技术

目前，市场上盆栽红掌品质参差不齐，同规格产品价格差异很大，为确保盆栽红掌良好品质具有延续性，从盆栽红掌的技术关键指标建立盆栽红掌技术体系，为盆栽红掌规模化、标准化及产业化生产打下了坚实的技术基础。

(1) 种苗标准：株型紧凑、花多整齐且略高于叶丛，叶片挺拔肥厚，根系发达，抗逆性强，适应性广。市场上比较受欢迎的盆栽品种主要为红色系列，杂色花需求量较少。

(2) 基质标准：红掌具肉质根，是多年生附生常绿草本植物，根系属气生根类型。因此，对基质的最基本要求是排水透气。盆栽红掌标准的基质要求：排水透气、保水保肥、不易分解、不含有害物质、能固定植株。具体技术指标：pH 值为 5.2～6.5，EC 值（可溶性盐浓度）为 0.8～1.2 mS/cm 为宜；无病虫害。

(3) 花盆质量标准：红掌根为肉质根，对光线较为敏感，长时间见光，根容易老化。花盆壁厚应为手持花盆对光看不见手指，使用环保材质，不易褪色，不易变形，底部有多个均匀排水孔及排水槽，盆底平整，盆口规则，盆壁双面光滑无毛刺。

(4) 上盆/换盆标准：种苗上盆后盆底不漏根，植株置于盆内中央，正直不歪斜，植株生长芽点露出基质外，基质盖住根基部茎节，叶片清洁，盆内基质均匀疏松。基质疏松度以土球在翻转倒出时不散、轻轻一抖就散作为标准。

(5)肥水标准：整个生长培育过程以大量元素氮、磷、钾、钙、镁肥为主，配制铁、锌、锰、钴等微量元素。在营养生长期适量增加氮肥，在生殖生长期（开花期）适量增加钾肥，减少氮肥。青萱红掌生产选用上海永通生态工程有限公司的红掌专用 AB 肥作为日常用肥。

(6)栽培环境标准：缓苗期适宜光照为 3 000～10 000 lx；营养生长期适宜光照为 15 000～20 000 lx；生殖生长期适宜光照为 13 000～18 000 lx；最低光照为 0；最高光照为 25 000 lx。大棚内空间相对湿度为适宜生长温度为 16～28 ℃；最佳生长温度为 20～25 ℃；最低温度为 14 ℃；最高温度为 30 ℃。大棚内空间相对湿度为最佳湿度为 65%～85%；最低湿度为 30%；最高湿度为 95%。

## 任务实施

3～5 名同学为一组，修剪花卉大棚里的鹅掌柴，将过密枝、徒长枝、交叉枝、病弱枝去除，使通风透光。观察大棚内的盆栽是否需要施肥、浇水、除草，再对它们进行一对一的养护管理。

## 课后练习

简述盆栽花卉的栽培管理要点。

# 任务六　花期调控

## 任务导入

请通过本任务的学习，了解花期调控的原理，完成常见的花卉花期调控的具体方法。

## 知识准备

自然界中各种植物，都有各自的开花期。通过人为地改变环境条件和采取特殊的栽培方法，使花卉提早或延迟开花的技术措施，称为花期调控技术。使花卉提前开放的栽培方式称为促成栽培；使花卉延后开放的栽培方式称为抑制栽培。

光周期现象是指昼夜周期中光照期和暗期长短的交替变化，是生物对昼夜光暗循环格局的反应。大多数一年生植物的开花取决于每日日照时间的长短。除开花外，块根、块茎的形成，叶的脱落和芽的休眠等也受到光周期（指一天中白昼与黑夜的相对长度）的控制。植物对周期性的、特别是昼夜间的光暗变化及光暗时间长短的生理特点响应，尤指某些植物要求经历一定的光周期才能形成花芽的现象。

春化作用一般是指单子叶植物必须经历一段时间的持续低温才能由营养生长阶段转入生殖阶段生长的现象，这一现象称为春化作用。低温春化对越冬植物成花有诱导和促进作用。例如，来自温带地区的耐寒花卉，较长的冬季和适度严寒能更好地促进其春化阶段对低温的适应。

很多二年生植物的成花，既要经过春化，又需要长日照。其中某些植物，春化与光周期两种效应可以互相影响或代替。如甜菜开花要求春化和长日照，在长日照下春化有效温度的上限可以提高；在连续光照的条件下，温度只有 12～15 ℃ 也可开花。另外，春化时间延长，则在短日照下也能成花。即春化与长日照两者可互相代替。成花不需低温的长日照植物——菠菜，经低温处理后，在短日照下也能开花。

### 一、花期调控的基本原理

#### （一）光照与花期

**1. 光周期对开花的影响**

光周期是指昼夜周期中光照期和暗期长短的交替变化。光周期对花诱导，有着极为显著的影响。有些花卉必须接受到一定的短日照后才能开花，如秋菊、一品红、叶子花、波斯菊等，通常需要每日光照在 12 h 以内，以 10～12 h 为最多，这类花卉称为短日照花卉。有些花卉则不同，只有在较长的日照条件下才能开花，如金光菊、紫罗兰、三色堇、福禄考、景天、郁金香、百合、唐菖蒲、杜鹃等，这类花卉称为长日照花卉。另外，也有一些花卉对日照的长度不敏感，在任何长度的日照条件下都能开花，如香石竹、长春花、百日菊、鸡冠花等。

试验证明，植物开花对暗期的反应比对光期更明显，即短日花卉是在超过一定暗期时才开花，而长日照花卉是在短于一定暗期时开花。因而，又将长日照花卉称为短夜花卉，将短日照花卉称为长夜花卉。所以，诱导植物开花的关键在于暗期的作用。

在进行光周期诱导的过程中，各种植物的反应是不同的，有些种类只需要一个诱导周期(1 d)的处理，如大花牵牛等，而有些植物如高雪轮，则需要几个诱导周期才能够分化花芽。

植物必须长到一定大小，才能接受光周期诱导。如蟹爪莲是典型的短日照植物，它在长日照条件下主要进行营养生长，而在短日照的条件下才能形成花芽，其花芽主要生于先端茎节上，通常可着花1~2朵，但是并非每个先端茎节都能开花，这要取决于其发育程度、营养状况，只有生长充实的蟹爪莲茎节才能分化出花芽。

植物接受的光照度与光源安置位置有关。当100 W 白炽灯相距1.5~1.8 m 时，其交界处的光照强度在50 lx 以上。生产上常用的方式是使用100 W 白炽灯，灯之间的相距1.8~2.0 m，距植株高度为1~1.2 m。如果灯距过远，交界处光照度不足，长日照植物会出现开花少、花期延迟或不开花现象；短日植物则出现提前开花，开花不整齐等弊病。

**2. 光度对开花的影响**

光度的强弱对花卉的生长发育有密切关系。花在光照条件下进行发育，光照强，促进器官(花)的分化，但会制约器官的生长和发育速度，使植株矮化健壮；促进花青素的形成，使花色鲜艳等。光照不足常会促进茎叶旺盛生长而有碍花的发育，甚至落蕾等。

不同花卉的花芽分化及开花对光照强度的要求不同。原产于热带、亚热带地区的花卉适应光照较弱的环境；原产于热带干旱地区的花卉，则适应光照较强的环境。

### (二) 温度与花期

**1. 低温与花诱导**

自然界的温度随季节而变化，植物的生长发育进程与温度的季节变化相适应。一些秋播的花卉植物，入冬前经过一定的营养生长，度过寒冷的冬季后，在第二年春季再开始生长，继而开花结实。但如果将它们春播，即使生长茂盛，也不能正常开花。一些二年生花卉植物成花受低温的影响较为显著(即春化作用明显)，而一些多年生草本花卉也需要低温春化。这些花卉通过低温春化后，还要在较高温度下，并且许多花卉还要求在长日照条件下才能开花。因此，春化过程只是对开花起诱导作用。

**2. 春化作用对开花的影响**

根据花卉植物感受春化的状态，通常可将其分为种子春化、器官春化和植物体整株春化三种类型。这种分类的方式主要是根据在感受春化作用时植物体的状态而言，一般认为，秋播一年生花卉有种子春化现象，二年生花卉无种子春化现象，多年生花卉没有种子春化现象。但是这种情况也有例外，如勿忘我虽是多年生草本植物，但也存在种子春化现象。种子春化的花卉有香豌豆等，器官春化的花卉有郁金香等，整株春化的花卉有榆叶梅等。

花卉通过春化作用的温度范围因种类不同而有所不同，通常，春化的温度范围为0～17 ℃。一般认为，0～5 ℃是适合绝大多数植物完成春化过程的温度范围，春化所必需的低温因植物种类、品种而异，通常为－5～10 ℃。研究结果表明，3～8 ℃的温度范围对春化作用的效果最佳。

春化完成的时间因具体温度而不同，当然，不同的植物，即使在同一温度条件下，春化完成的时间也不尽相同。当植株的春化过程还没有完全结束前，就将其放到常温下，则会导致春化效应被减弱或完全消失，这种现象称为脱春化。春化和光周期理论在花期控制方面都有重要的实践应用。

### (三) 生长调节剂与花期

植物激素是由植物自身产生的，其含量甚微，但对植物生长发育起着极其重要的调节作用。由于激素的人工提取、分离困难，也很不经济，使用也有许多不便等，人工就模拟植物激素的结构，合成了一些激素类似物，即植物生长调节剂。如赤霉素、萘乙酸、2,4－D、B9 等，它们与植物激素有许多相似的作用，在生产上已得到了广泛应用。

植物的花芽分化与其激素的水平关系密切。在花芽分化前植物体内的生长素含量较低，当植株开始花芽分化后，其体内的生长素水平明显提高。

植物激素对植物开花有较为明显的刺激作用。例如，赤霉素既可以代替一些需要低温春化的二年生花卉植物的低温要求，也可以促使一些莲座状生长的长日照植物开花。细胞分裂素对很多植物的开花均有促进作用。

## 二、花期调控的主要方法

### (一) 调节光照

长日照花卉在日照短的季节，用人工补充光照能提早开花，若给予短日照处理，即抑制开花；短日照花卉在日照长的季节，进行遮光短日照处理，能促进开花，若长期给予长日照处理，就会抑制开花。但光照调节，应辅以其他措施，才能达到预期的目的。如花卉的营养生长必须充实，枝条应接近开花的长度，腋芽和顶芽应充实饱满，在养护管理中应加强磷肥、钾肥的施用，防止徒长等。否则便会对花芽的分化和花蕾的形成不利。

**1. 光周期处理的日长时数计算**

植物在光周期处理中，计算日长时数的方法与自然日长有所不同。每日日长的小时数应从日出前 20 min 至日落后 20 min 计算。例如，3 月 9 日(北京)，日出至日落的自然日长为 11 h 20 min，加日出前和日落后各 20 min，共为 12 h。即当作光周期处理时，3 月 9 日(北京)的日长应为 12 h。

**2. 长日照处理(延长明期法)**

用加补人工光照的方法，延长每日连续光照的时数达到 12 h 以上，可使长日照花卉在短日照季节开花。一般在日落后或日出前给以一定时间照明，但较多采用的是日落前作初夜照明。例如在冬季栽培的唐菖蒲，在日落之前加光，使每日有 16 h 的光照，并结合加温，可使其在冬季或早春开花。每天进行 14～15 h 的光照，蒲包花也能提前开花。人工补光可采用荧光灯，悬挂在植株上方 20 cm 处。30～50 lx 的光照强度就可产生日照效果，100 lx 有完全的日照作用，能够充分满足一般光照强度。

### 3. 短日照处理

在日出之后至日落之前利用黑色遮光物，如黑布、黑色塑料膜等对植物遮光处理，使白昼缩短、黑夜加长的方法称为短日照处理。短日照处理主要用于短日照花卉在长日条件下开花。通常于下午 5 点至翌日上午 8 点为遮光时间，使花卉接受日照的时数控制在 9～10 h。一般遮光处理的天数为 40～70 d。遮光材料要密闭，不透光，防止低照度散光产生的破坏作用。短日照处理超过临界夜长小时数不宜过多，否则会影响植物正常光合作用，从而影响开花质量。

短日照处理以春季及早夏为宜，夏季做短日照处理，在覆盖下易出现高温危害或降低产花品质。为减轻短日照处理可能带来的高温危害，应采用透气性覆盖材料；在日出前和日落前覆盖，夜间揭开覆盖物使之与自然夜温相近。

### 4. 暗中断法

暗中断法也称夜中断法或午夜照明法。在自然长夜的中期（午夜）给予一定时间的照明。将长夜隔断，使连续的暗期短于该植物的临界暗期小时数。通常晚夏、初秋和早春进行夜中断，照明小时数为 1～2 h；冬季照明小时数多，为 3～4 h。如短日照植物在短日照季节，形成花蕾开花，但在午夜 1～2 点给以加光 2 h，把一个长夜分开成两个短夜，破坏了短日照的作用，就能阻止短日照植物开花。用作中断黑夜的光照，以具有红光的白炽灯为好。

### 5. 光暗颠倒处理

采用白天遮光、夜间光照的方法，可使在夜间开花的花卉在白天开放，并可使花期延长 2～3 d。如昙花的花期控制，主要通过颠倒昼夜的光周期来进行处理，在昙花的花蕾长约为 5 cm 时，每天早上 6 点至晚上 8 点用遮光罩把阳光遮住，从晚上 8 点至第二天早上 6 点，用白炽灯进行照明，经过 1 周左右的处理后，昙花已基本适应了人工改变的光照环境，就能使其在白天开花，并且可以延长花期。

### 6. 全黑暗处理

若要让一些球根花卉提前开花，除其他条件必须符合其开花要求外，还可将球根盆栽后，在将要萌动时，进行全黑暗处理 40～50 d，然后进行正常栽培养护。此法通常冬季时在温室进行，待离开黑暗环境后，很快就可以开花，如朱顶红便可进行这样的处理。

## (二)调节温度

### 1. 增温处理

(1)促进开花：多数花卉在冬季加温后都能提前开花，如温室花卉中的瓜叶菊、大岩桐等。对花芽已经形成而正在越冬休眠的种类，如春季开花的露地木本花卉杜鹃、牡丹等，以及一些春季开花的秋播草本花卉和宿根花卉，由于冬季温度较低，它们处于休眠状态，自然开花需待来年春季。若移入温室给予较高的温度（20～25 ℃），并经常喷雾，增加湿度（空气相对湿度在80%以上），就能提前开花。

(2) 延长花期：有些花卉在适合的温度下，有不断生长、连续开花的习性。但在秋、冬季节气温降低时，就要停止生长和开花。若在停止生长之前及时地移进温室，使其不受低温影响，继续提供生长发育的条件，常可使它连续不断地开花。例如，若要使非洲菊、茉莉花、大丽花、美人蕉等在秋季、初冬季连续开花就要早做准备，在温度下降之前及时加温、施肥、修剪；否则，一旦气温降低影响生长后，再提高温度就来不及了。

### 2. 降温处理

(1) 延长休眠期以推迟开花：耐寒花木在早春气温上升之前，趁还在休眠状态时，将其移入冷室中，使之继续休眠而延迟开花。冷室温度一般以1～3 ℃为宜，不耐寒花卉可略高一些。品种以晚花种为好，送冷室前要施足肥料。这种处理适用于耐寒、耐阴的宿根花卉、球根花卉及木本花卉，但由于留在冷室的时间较长，因此植物的种类、自身健壮程度、室内的温度和光照及土壤的干湿度都是成败的重要问题。在处理期间土壤水分管理要得当，不能忽干忽湿，每隔几天要检查干湿度；室内要有适度的光照，每天开灯几个小时。至于花卉储藏在冷室中的时间，要根据计划开花的日期，植物的种类与气候条件，推算出低温后培养至开花所需的天数，从而决定停止低温处理的日期。另外，对于处理完毕出室花卉的管理也很重要，要放在避风、蔽日、凉爽的地方，逐步增温、加光、浇水、施肥、细心养护，使之渐渐复苏。

(2) 减缓生长以延迟开花：较低的温度能延缓植物的新陈代谢，延迟开花。这种处理大多用在含苞待放或初开的花卉上，如菊花、天竺葵、八仙花、瓜叶菊、唐菖蒲、月季、水仙等。处理的温度也因植物种类而异。降温避暑：很多原产于夏季凉爽地区的花卉，在适当的温度下能不断地生长、开花，但遇到酷暑就停止生长，不再开花。例如，仙客来和倒挂金钟在适用于开花的季节花期很长，如能在6—9月降低温度（28 ℃以下），植株便会继续处于生长状态，也会不停地开花。

(3) 模拟春化作用而提早开花：改秋播为春播的花卉，欲使其在当年开花，可用低温处理萌动种子或幼苗，使之经过春化作用，在当年就可开花，适宜的温度为0～5 ℃。另外，秋植球根花卉若提前开花，也需要先经过低温处理；桃花等花木需要经过0 ℃的人为低温，强迫其经过休眠阶段后才能开花。

### 3. 变温法

变温法催延花期，一般可以控制较长的时期。此方法多用于在一年中的"元旦""春节""五一""十一"等重大节日中，具体做法是将以形成花芽的花木先用低温使其休眠，原则上要求既不让花芽萌动，又不使花芽受冻。如果是热带、亚热带花卉，给予2～5 ℃的温度，温带木本落叶花卉则给予−2～0 ℃的温度。到计划开花日期前1个月左右，放到（逐渐增温）15～25 ℃的室温条件下养护管理。花蕾含苞待放时，为了加速开花，可将温度增至25 ℃左右。如此管理，一般花卉都能预期开花。

在自然界生长的花木，大多是春华秋实，要想让花木改变花期，推迟到国庆节开放，也需要采用改变温度的方法来控制花期。具体做法是将已形成花芽的花木，在 2 月下旬至 3 月上旬，在叶、花芽萌动前就放到低温环境中强制其进行较长时间的休眠。具体温度是，一般原产于热带、亚热带的花木控制在 2～5 ℃，原产于温带、寒带的花木控制在 −2～0 ℃。到计划开花日期前 1 个月左右，移到 15～25 ℃ 的环境中栽培管理，很多种花卉都能在国庆节时开放。如草本花卉中的芍药、荷包牡丹，木本花卉中的樱花、榆叶梅、丁香、连翘、锦带、碧桃、金银花等都能这样处理。

### （三）利用植物生长激素

花卉生产中使用一些植物生长激素和调节剂如赤霉素、萘乙酸、2.4−D、B9 等，对花卉进行处理，并配合其他养护管理措施，可促进提早开花，也可使花期延迟。

#### 1. 解除休眠促进开花

不少花卉通过应用赤霉素打破休眠从而达到提早开花的目的。用 500～1 000 mg/L 浓度的赤霉素点在芍药、牡丹的休眠芽上，使其在 4～7 d 内萌动。蛇鞭菊在夏末秋初休眠期，用 100 mg/L 赤霉素处理，经储藏后分期种植，分批开花。当 10 月以后进入深休眠时处理则效果不佳，开花少或不开花。桔梗在 10—12 月为深休眠期，在此之前于初休眠期使用 100 mg/L 赤霉素处理可打破休眠、提高发芽率，促进伸长，提早开花。

#### 2. 代替低温促进开花

夏季休眠的球根花卉，花芽形成后需要低温使花茎完成伸长准备。赤霉素常用作部分代替低温的生长调节剂。

郁金香需要在雌蕊分化后经过低温诱导方可伸长开花。促成栽培时栽种已经过低温冷藏的鳞茎，待株高达 7～10 cm 时，由叶丛中心滴入 400 mg/L 赤霉素液 0.5～1 mL，这种处理对需低温期长的品种，以及在低温处理不充分的情况下效果更为明显，赤霉素起了弥补低温量不足的作用。

#### 3. 加速生长促进开花

山茶花在初夏停止生长，进行花芽分化，其花芽分化非常缓慢，持续时间长。如用 500～1 000 mg/L 的赤霉素点涂花蕾，每周 2 次，半个月后即可看出花芽快速生长，同时结合喷雾增加空气湿度，可很快开花。蟹爪莲花芽分化后，用 20～50 mg/L 的赤霉素喷射能促进开花。用 100～500 mg/L 赤霉素涂君子兰、仙客来、水仙的花茎上，能加速花茎伸长。

#### 4. 延迟开花

2.4−D 对花芽的分化和花蕾的发育有抑制作用。在花蕾期给菊花喷 0.01 mg/L 的 2.4−D 可保持初开状态，喷 0.1 mg/L 的 2.4−D 可使花蕾膨大，不开放，而对照不喷的菊花已开花。

#### 5. 加速发育提前开花

用 100 mg/L 的乙烯利 30 ml 浇于凤梨的株心，能使其提早开花。天竺葵生根后，用 500 mg/L 的乙烯利喷 2 次，第 5 周喷 100 mg/L 的赤霉素，可使提前开花并增加花朵数。

### 6. 调节衰老延长寿命

切花离开母体后由于水分、养分和其他必要物质失去平衡而加速衰老与凋萎。在含有糖、杀菌剂等的保鲜液中，加入适宜的生长调节剂，有增进水分平衡、抑制乙烯释放等作用，可延长切花的寿命。例如，6－苄基腺嘌呤（6－BA）、激动素（KT）应用于月季花、球根鸢尾、郁金香、花烛、非洲菊保鲜液中；赤霉素（$GA_3$）可延长紫罗兰切花寿命；B9 对金鱼草、香石竹、月季花切有效；矮壮素（CCC）对唐菖蒲、郁金香、香豌豆、金鱼草、香石竹、非洲菊等也可延长切花寿命。

## （四）利用修剪技术

### 1. 剪截

剪截主要是指用于促使开花，或以再次开花为目的的剪截。在当年生枝条上开花的花木用剪截法控制花期，在生长季节内，早剪截使早长新枝的早开花，晚剪截则晚开花。月季花、大丽花、丝兰、盆栽金盏菊等都可以在开花后剪去残花，再给以水肥、加强养护，使其重新抽枝、发芽开花。

### 2. 摘心

摘心主要用于延迟开花。延迟的日数依植物种类、摘取量的多少、季节而有不同。常用摘心方法控制花期的有一串红、康乃馨、大丽花等。例如一串红在国庆节开花的修剪技术。一串红可于 4—5 月播种繁殖，在预定开花期前 100～120 d 定植。当小苗高约 6 cm 时进行摘心，以后可根据植株的生长情况陆续摘心 2～3 次。在预定开花前 25 d 左右进行最后一次摘心，到"十一"便会如期开花。在 9 月 10 日左右对荷兰菊进行摘心操作，到"十一"即能开花。

### 3. 摘叶

摘叶是促其进入休眠，或促使其重新抽枝，以提前或延迟开花。如白玉兰在初秋进行摘叶迫使其休眠，然后进行低温、加温处理，促使其提早开花。紫茉莉花在春发后，可将叶摘去，促使其抽生新枝，以延迟开花。另外，剥去侧芽和侧蕾，有利于主芽开花；摘除顶芽和顶蕾，也有利于侧芽和侧蕾生长开花等。

## （五）控制育苗时间

不需要特殊环境诱导，在适宜的环境条件下，只要生长到一定大小就可开花的种类，可以通过改变育苗期或播种期来调节开花期。多数一年生草本花卉属于日中性花卉，对光周期时数没有严格要求，在温度适宜生长的地区或季节采用分期播种、育苗，可在不同时期开花。如果在温室提前育苗，可提前开花，秋季盆栽后移入温室保护，也可延迟开花。翠菊的矮生品种于春季露地播种，6—7 月开花；7 月播种，9—10 月开花；温室 2—3 月播种，则 5—6 月开花等。一串红的生育期较长，春季晚霜后播种，可于 9—10 月开花；2—3 月在温室育苗；可于 8—9 月开花；8 月播种，入冬后上盆，移入温室，可于次年 4—5 月开花。

二年生草本花卉需要在低温下形成花芽和开花。在温度适宜的季节或冬季在温室保护下，也可调节播种期在不同时期开花。金盏菊自然花期为4—6月，但春化作用不明显，可秋播、春播、夏播。从播种至开花需60~80 d，生产上可根据气温及需要，推算播期。如自7—9月陆续播种，可于12月至次年5月先后开花。紫罗兰12月播种，5月开花；2—5月播种，则6—8月开花；7月播种，次年2—3月开花。

## 知识拓展

### 1. 唐菖蒲的长日照处理促成栽培技术

种球定植前，必须先打破休眠。其方法有两种：第一种是低温处理：用3~5 ℃低温储藏3~4周，然后移到20 ℃的条件下促根催芽；第二种是变温处理：先将种球置入35 ℃高温环境处理15 d，再移入2~3 ℃低温环境处理20 d即可定植。如需11—12月开花，8月上中旬排球定植，至11月应加盖塑料薄膜保温，并补充光照。如需春节供花，于9月份定植，11月进行加温补光处理。通常种球储藏在冷库之中，储藏温度为1~5 ℃，周年生产可随用随取。每隔15~20 d分批栽种，以保证周年均衡供花。唐菖蒲是典型的阳性花卉，只有在较强的光照条件下，才能健壮生长，正常开花，但冬季在温室、大棚内栽植易受光照不足的影响，如果在3叶期出现光照不足，就会导致花萎缩，产生盲花；如在5~7叶期发生光照不足，则少数花蕾萎缩，花朵数会减少。唐菖蒲属于长日照植物，秋冬栽培需要进行人工补光，通常要求每日光照时数14 h以上。补光强度要求达到50~100 lx，一个100 W的白炽灯（加反射罩）具有光照显著效果的有效半径为2.23 m。故补光时可每隔5~6 m²设一盏100 W白炽灯，光源距离植株顶部60~80 cm，或设40 W荧光灯，距离植株顶部45 cm。夜间21时至凌晨3时加光，每天补光5 h，即可取得较好效果。

### 2. 蒲包花在春节开花的促成栽培技术

8月间播种育苗，在预定开花日期之前100~120 d定植。为了使其能在春节开花，从11月起每天太阳即将落山时就要进行人工照明，直至夜间22时左右，补光处理大约要经过6周。在促成栽培过程中，环境温度不宜超过25 ℃，当花芽分化后，应该使气温保持在10 ℃左右，经过4周，能够使植株花朵开得更好。

### 3. 菊花在国庆节开花的促成栽培技术

要使秋菊提前至国庆节开花。宜选用早花或中花品种进行遮光处理。一般在7月底当植株长到一定高度（25~30 cm）时，用黑色塑料薄膜覆盖，每天日照9~10 h，以下午5点到第二天早上8点30分效果为佳。早花品种需遮光50 d左右可见花蕾露色，中花品种约60 d，在花蕾接近开放现色时停止遮光。处理时温度不宜超过30 ℃，否则开花不整齐，甚至不能形成花芽。

### 4. 水养水仙花在元旦、春节促成栽培技术

为了让水仙花能在预定的日子准时开花，可在计划前5~7 d仔细观察水仙花蕾总苞

片内的顶花,如已膨大欲顶破总苞,就应把它放在 1～4 ℃ 的冷凉地方,一直到节日前 1～2 d 再放回室温 15～18 ℃ 的环境中,就能使其适时开放。如发现花蕾较小,估计到节日开不了花,可以将其放在温度为 20 ℃ 以上的地方,在盆内浇 15～20 ℃ 的温水,夜间补以 60～100 W 灯泡的光照,就能准时开花。

### 5. 牡丹在元旦、春节开花的控温处理

牡丹在元旦、春节开花的控温处理可在元旦前 1 个月移入 4 ℃ 的室内养护,到节前 10～15 d 再移到阳光充足,室内温度 10 ℃ 左右的温室,然后根据花蕾绽放的程度决定加温与否,如果估计赶不上节日开花,可逐渐加温至 20 ℃ 来促花。牡丹的催花稍复杂些,因牡丹的品种很多,一般春节用花,应选择容易催花的品种,其加温促花需经 3～4 个变温阶段,需 50～60 d。促花前先将盆栽牡丹浇一次透水,然后移入 15～25 ℃ 的中温温室,至花蕾长到 2 cm 左右时,加温至 17～18 ℃,此时应控制浇水,并给予较好的光照,第三次加温是在花蕾继续膨大呈现出绿色时,温度增加到 20 ℃ 以上,此时因室温较高,可浇一次透水以促进叶片生长,为了防止叶片徒长和盆土过湿,应勤观察花与叶的生长情况,注意控水。最后一个阶段是在节前 5～6 d。主要是看花蕾绽蕾程度,如估计开花时间拖后,可再增温至 25～35 ℃ 促其开花。如果花期提前,可将初开盆花移入 15 ℃ 左右的中低温弱光照的环境中暂存。

## 任务实施

根据花卉生长发育的基本规律及花芽分化、花芽发育及花卉在花期对环境条件均有一定要求的特点,人为地创造或控制相应的环境、植物激素水平等,来促进或延迟花期。用菊花作为材料,来进行花期调控处理,所用药品与用具有 IAA、NAA、GA3、乙烯剂、CCC、剪刀、喷雾器等。

### 一、日长处理对菊花花期的影响

#### 1. 电照

(1)电照时期根据预计采花上市日期而定。11 月下旬至 12 月上旬采收,电照期在 8 月中旬至 9 月下旬;12 月下旬采收,电照期间为 8 月中旬至 10 月上旬;1—2 月采收,电照期 8 月下旬至 10 月中旬;2—3 月采收,电照期间为 9 月上旬至 11 月上旬。

(2)电照的照明时刻和电照时间分连续照明(太阳落山时即开始)和深夜 12 时开始两种,比较花期早晚。

(3)电照中的灯光设备:用 60 W 的白炽灯作为光源(照度 100 W),两灯相距 3 m,设置高度在植株顶部 80～100 cm 处。

(4)重复电照的时间分为 10 d、20 d 和 30 d 三组比较花芽分化早晚及切花品质(如舌状花比例,有无畸变等)。

#### 2. 遮光处理

(1)遮光时期:8 月上旬开始遮光。10 月上旬开花的品种在 8 月下旬,10 月中旬开

花的品种在9月5日，10月下旬至11月上旬开花的品种在9月15日前后终止遮光。接下来，根据基地现有品种进行遮光处理，并比较不同时期、不同品种的催花效果。

(2)遮光时间带和日长比较：一般遮光时间设在傍晚或早晨。分4种情况比较花期早晚：傍晚7点关闭遮光幕，早晨6点打开的11 h遮光处理；傍晚6时到早晨6点遮光的12 h处理；傍晚和早晨遮光，夜间开放的处理；下午5时到9时遮光，夜间开放处理。

## 二、温度调节对花期的影响

菊花从花芽分化到现蕾期所需温度因品种、插穗冷藏的有无、土壤水分的变化和施肥量及株龄不同而异。一般以最低夜温为15 ℃，昼温在30 ℃以下较为安全。

在试验中，将营养生长进行到一定程度而花芽分化还未进行的盆栽菊分为两组：一组置于夜温为15 ℃、昼温为27～30 ℃的室内（光照状况控制和自然状态相近）；另一组置于自然状态下，观察比较现蕾期的早晚。

## 三、栽培措施处理对花卉花期的影响

(1)将盆栽菊花摘心，分留侧芽与去侧芽、留顶芽二组处理，观察两者现蕾期的早晚。

(2)对现蕾的盆栽菊进行剥侧蕾、留顶蕾与不剥蕾二组处理，观察蕾期的长短。

## 四、生长调节剂的处理对花期的影响

(1)生长激素类设置IAA 25、50、75、100（ppm）；NAA 25、50、75、100（ppm）和NAA 500 ppm＋GA3各50 ppm及对照共10个处理，每周喷一次，比较各处理现蕾期的早晚及蕾期发育时间的长短。

(2)设计乙烯利100、200、300、400（ppm）及乙烯利200 ppm＋GA 350（ppm）及对照共6个处理，每周喷一次，比较各处理现蕾期的早晚和蕾期发育时间的长短及植株的形态，尤其是基部枝条发育上的变化。

(3)设计CCC 1 000、2 000、3 000（ppm）及对照共4个处理，每周喷二次，比较用CCC处理过的植株矮化效果、现蕾期的早晚和蕾期发育时期的长短。

观察并记载各试验处理结果。

### 课后练习

1. 简述光周期对花期的影响。
2. 简述温度对花期的影响。

# 项目四　花卉无土栽培

## 学习目标

**知识目标**
1. 了解花卉无土栽培的概念、特点及发展趋势；
2. 熟悉花卉常用的无土栽培的分类、基质的种类、理化性质和管理方法；
3. 熟悉常见营养液的配方，熟悉营养液的配制方法及配制过程中的注意事项等，熟悉基质的特性和消毒方法；
4. 了解月季、君子兰、中国兰、巴西木和屋顶花园的无土栽培技术。

**能力目标**
1. 能够说出花卉常用的无土栽培方法种类和花卉无土栽培原理；
2. 能够识别基质的种类、描述其理化性质；
3. 能够独立完成营养液的配制，以及对营养液的使用与管理；
4. 能够进行常见鲜切花无土栽培生产。

**素养目标**
1. 培养精益求精的工匠精神，具备吃苦耐劳的精神，具备良好的职业道德；
2. 培养科技引领理念；
3. 培养专注、认真的工作态度，培养独立思考能力。
4. 培养处理问题的能力。

## 任务一　无土栽培的基本理论

### 任务导入

请通过本任务的学习，了解无土栽培的发展和原理。

### 知识准备

#### 一、无土栽培的概念

无土栽培又称水培或营养液栽培等，是一种不用土壤而用营养液及其配套设施栽培作物的农业新技术。大多数水培中为了固定植株、增加空气含量，采用砂、砾、泥炭、蛭石、珍珠岩、岩棉或锯末等作固体基质，再加入一些植物生长所需要的营养物质，故又称砂培、砾培、泥炭培、蛭石培、珍珠岩培、岩棉培、锯末培等栽培植物的方法。

## 二、无土栽培的特点和发展趋势

自从人类有种植历史以来，农业作物都是在土壤上种植的，农业一向离不开土壤，而无土栽培却离开了土壤，所以它是一场农业革命。但这场革命的发生并不是突如其来的，而是有其发展的历史过程。早在几个世纪以前，国内外就有用水来培养和研究植物的记载，如生豆芽、养蒜苗、养水仙花和风信子等，都可算作简易的无土栽培，但以上栽培方法主要是靠植物自身储存的营养来维持生长的。因此，这是一种原始的、不完全的无土栽培形式。

目前，世界上有100多个国家和地区在蔬菜、花卉、果树、药用植物等栽培方面应用了这一技术。例如美国、荷兰、英国、丹麦、意大利、德国、日本、新加坡、科威特等都在国内大规模进行无土栽培生产。随着现代工业技术的发展，尤其是电子计算机等一系列先进设备的应用，使无土栽培配套技术更为先进和自动化。例如，荷兰全国近1万 $hm^2$ 的温室面积几乎全部实现无土栽培生产，大部分实现了计算机控制，达到了现代化、自动化生产管理水平。

另外，利用无土栽培技术生产花卉、苗木也是当今社会的一大热门，如美国、荷兰、法国、意大利等国家都有相当规模的花卉工厂，利用无土栽培技术生产的香石竹、郁金香、月季花、菊花、仙客来、唐菖蒲等花卉畅销世界各地。

花卉无土栽培是在土壤栽培的基础上发展起来的现代农业高新技术，它与植物生理、植物营养、花卉栽培、生态、物理、化学、设施园艺、机械工程、电子等多学科均有密切关系。作为一项新的农业技术措施，是否具有优越性和发展前途，主要取决于它是否能提高作物产量，改善作物品质，降低生产成本，节省工料，简化栽培程序，以及有利于实现生产规模化、现代化和自动化等。经国内外无土栽培试验研究所取得的结果和生产实践证明，花卉无土栽培与常规土壤栽培相比具有许多优点，归纳起来有以下几个方面。

(1)产花量高，品质好，生长快。
(2)节约肥、水、劳力。
(3)清洁卫生，病虫害少。
(4)扩大了花卉栽培区域和空间。
(5)有利于实现花卉栽培的自动化和工厂化。

## 三、无土栽培的原理

无土栽培的特点是以人工创造的根际环境或人工模拟的大自然环境来替代自然土壤环境。这种人工创造的植物根际环境不仅能满足花卉植物对矿质营养、水分和空气条件的需要，还能人为控制和调整，这样促进花卉的生长和发育。

### (一)根系吸收营养液的特点

植物吸收营养物质是一个复杂的生理过程，具有以下特点。

(1)吸收矿质营养与吸收水分的相对性。无土栽培配制营养液要求一定的肥料比例和浓度。营养液的浓度过高或过低都会影响植物对养分的吸收。

(2)吸收离子的选择性。植物根系对营养物质的吸收具有一定的选择性。优先吸收它最需要的矿质离子,如豆科植物吸收钙量较多,而吸收氮量较少。

(3)单盐毒害与离子对抗、相助作用。在无土栽培中配制营养液时,了解离子的对抗和相助作用,对合理组成营养液配方,提高肥效,保证栽培植物的正常生长,充分发挥无土栽培的优势作用是极为重要的因素之一。

### (二)影响根系吸收矿质营养的外界因素

影响根部吸收的外界环境条件主要有以下几个方面。

(1)温度条件。如果温度过高,由于根系呼吸过旺,不仅消耗大量碳水化合物,而且氧气减少,二氧化碳增加,妨碍植物对养分的吸收;反之,如果温度过低则根系的呼吸代谢作用缓慢,细胞黏性增大,因而影响根系吸收养分的速度。

(2)空气条件。植物根系环境中的空气状况与根系的供氧和呼吸直接相关。

(3)光照条件。光照条件对根系吸收矿质营养的影响是间接的,不是直接的。但对许多离子的吸收效应是十分明显的。

(4)营养液浓度。不同栽培植物配制的营养液要求一定的浓度,浓度过高不但不利于植物对养分的吸收利用,也不利于经济用肥。

(5)营养液的酸碱度。营养液的酸碱度直接影响植物对养分吸收及养分的有效性。

(6)离子间的相互影响。栽培植物从营养液中吸收的矿质营养中,离子间具有相互影响作用,有的是相互抑制,有的则相互促进。在无土栽培中,应严格按照配方去配制营养液,使离子间保持平衡浓度,这样才能发挥多种有效离子的作用。

(7)植物体内糖分含量。植物体内糖分含量的多少会影响根系对矿质营养的吸收。在无土栽培营养液的配制时可适当地加以考虑。

### 四、无土栽培的分类

近年来,无土栽培的类型越来越多,根据营养来源不同,可分为无机营养无土栽培和有机营养无土栽培;根据有无栽培基质可分为无基质栽培和有基质栽培;无基质栽培根据营养液的供液方式又可分为水培和雾培;根据养分的循环状态可分为开路式栽培和闭路式栽培;根据栽培的空间形式可分为平面栽培、立面栽培和水面栽培;根据栽培设施不同,可分为单一式栽培、简易式栽培和综合栽培。尽管无土栽培的类型很多,但基本原理和目的相同。

花卉常用的无土栽培方法主要有以下几种。

#### 1. 水培

水培花卉是采用现代生物工程技术,运用物理、化学、生物工程手段,对普通的植物、花卉进行驯化,使其能在水中长期生长,而形成的新一代高科技农业项目。水培花卉由于上面花香满室,下面鱼儿畅游,而且卫生、环保、省事,所以,又被称为懒人花卉。它通过实施具有独创性的工厂化现代生物改良技术，使原先适应陆生环境生长的花卉通过短期科学驯化、改良、培育，使其快速适应水生环境生长。

### 2. 基质培养

基质培养是指花卉种植在固体基质上，用基质固定花卉植物的根系并供给营养。基质培养的优点是设备成本低，可以就地取材；缺点是基质体积大，消毒、填充费时费力。

### 3. 气雾栽培

气雾栽培又称气培。气雾栽培是利用喷雾装置将营养液雾化，使植物的根系生长在黑暗条件下，悬空于雾化后的营养液环境中。保证根系处于黑暗及高湿环境中是根系正常生长的必备条件。

## 知识拓展

### 无土栽培基质的选用

配制复合基质时，所用的基质以 2～3 种为宜。制成的复合基质应符合 3 个要求：一是增加基质的孔源度；二是提高基质的保水、保肥能力；三是改善基质的通透性。总之，制成的基质要为植物根系生长提供最佳的环境条件，即水气的最佳比例。

基质参考配制比例如下：

(1) 观叶植物栽培：泥炭、蛭石、珍珠岩之比为 2∶1∶1。

(2) 附生植物盆栽基质：泥炭、珍珠岩、黄杉树皮之比为 1∶1∶1。

(3) 花盆混合基质：刨花、炉渣之比为 1∶1。

(4) 盆栽植物：泥炭、珍珠岩、砂之比为 1∶1∶1；泥炭、砂之比为 3∶1 或泥炭、浮石、砂之比为 2∶2∶1。

(5) 扦插基质：泥炭、珍珠岩之比为 1∶1。

(6) 扦插和盆栽植物：泥炭、砂之比为 1∶1。

(7) 扦插繁殖：泥炭、蛭石之比为 1∶1。

(8) 盆栽根系纤细的植物：泥炭、珍珠岩之比为 1∶2。

(9) 高床用：泥炭、珍珠岩之比为 3∶1。

(10) 盆栽喜酸植物：泥炭、炉渣之比为 1∶1。

## 任务实施

3～5 名同学为一组，准备 5L 干净的河沙，并对其消毒，用作无土栽培基质。

## 课后练习

1. 简述无土栽培的优点。

2. 简述无土栽培的分类方法。

# 任务二　营养液和基质的配制与管理

## 任务导入

请通过本任务的学习，正确配制无土栽培的营养液，能对无土栽培的基质进行处理。

## 知识准备

### 一、营养液

营养液是指将植物生长发育必需的所有矿质营养元素的化合物溶解到水中配制成的溶液。

#### (一)营养液的组成和要求

营养液具有适合植物吸收并能良好地生长发育的离子浓度和酸碱度。营养液中营养元素的成分根据植物的新陈代谢过程中需要的营养元素种类来决定，一般认为，必需的元素有 16 种，即碳、氢、氧、氮、磷、钾、钙、镁、硫、铁、锌、锰、硼、铜、钼、氯。在上述元素中，碳和氧主要从空气中的二氧化碳通过光合作用获得，氢、氧来自水。而其他元素则主要通过根系从土壤或营养液中吸收。根据营养元素含量占植物体干重的百分数，这些元素可分为大量元素和微量元素。虽然各种营养元素在植物体内含量不同，但对于植物的生长发育而言，都是缺一不可的。所配制的营养液中必须包含植物生长发育所需的矿质营养元素。而在生产过程中，一些基质中或配制营养液的水源中含有一定量的微量元素，所以，在实际栽培过程中，可适当减少或不用某些微量元素，但一定要事先测定基质或水源中元素的种类和含量，再决定减少或不用微量元素。如果在搞不清楚的情况下，一定不能随便减少或不用某些微量元素，还是以全价营养液为最好。

#### (二)营养液组成的原则

组成营养液的各种矿质营养元素是以含有这些矿质元素的化合物的形式存在的，由这些化合物按一定的比例配制成的营养液必须符合以下原则。

(1)营养液必须含有植物生长发育所必需的全部矿质营养元素。

(2)含各种营养元素的化合物必须是根部可以吸收的状态，即可以溶于水的呈离子状态的化合物。

(3)营养液中各种营养元素的数量比例，应该是符合植物生长发育要求的、均衡的。

(4)营养液中各营养元素的无机盐类构成的总盐度及其酸碱度应适合植物生长发育需求。

(5)组成营养液的各种化合物，在栽培植物的过程中应在较长时间内保持被植物正常吸收的有效状态。

(6)组成营养液的各种化合物的总体,在被根系吸收过程中造成的生理酸碱反应应该是比较平衡的,即具有很强的缓冲性。

### (三)营养液的配制

在配制营养液时,总的原则是避免难溶性物质沉淀的产生。钙离子同磷酸根离子和硫酸根离子在高浓度的情况下容易产生磷酸钙和硫酸钙沉淀。所以,要避免在高浓度条件下,钙离子同硫酸根离子和磷酸根离子相遇。

(1)大量元素 10 倍母液的配制:硝酸钾 7 g,硝酸钙 7 g,过磷酸钙 8 g,硫酸镁 2.8 g,硫酸铁 1.2 g,顺次溶解并定容至 1 L。

(2)微量元素 100 倍母液的配制:硼酸 0.06 g,硫酸锰 0.06 g,硫酸锌 0.06 g,钼酸铵 0.06 g,顺次溶解并定容至 1 L。

(3)大量元素母液稀释 5 倍,微量元素母液稀释 50 倍后等量混匀后,用稀盐酸或氢氧化钠溶液将 pH 值调整为 6.0~6.5。

## 二、营养液的使用与管理

营养液的使用根据栽培形式不同,可分为循环使用和开放式使用。

循环使用在大多数的水培中应用,营养液从储液池中由泵驱动,流入栽培床,又经栽培床、回液管道返回到储液池。在循环水培中,植物的根系大部分生长在营养液中,并吸收其中的水分、养分和氧气,从而使其浓度、成分、pH 值、溶存氧等不断产生变化。同时,根系也分泌有机物于营养液中,并且少量衰老的残根脱落于营养液中,致使微生物也会在其中繁殖,外界的温度也时刻影响着液温。因此,必须对上述诸因素的影响进行监测,并采取措施加以调整。

开放式使用主要在大多数的基质培中应用,营养液灌溉到栽培床后,多余的营养液不回收利用。对于开放式供液的营养液,因为在栽培床上供应的总是新配成的营养液,各种因素对其影响相对较小,因此,调整起来相对简单。一般对营养液浓度调整、营养液的含氧量、营养液的温度管理、营养液的更换时间等因素进行调节。

营养液的使用有以下三种方法。

#### 1. 水培营养液

营养液用于水培是将花卉植物的根系直接浸入营养液中,使根系直接从营养液中吸收水分、养分和氧气。为了避免根系在营养液中供氧不足,现已发展了模拟根系在土壤中吸收水分和氧气的营养液供应方法,即把根系固着在吸水性较强、有一定结构的基质中,将基质的一部分浸在营养液中。例如,使用营养液膜技术时,可先将植物种植在岩棉块、泥炭坨或小盆钵的珍珠岩、陶粒、蛭石等基质里,再将其放在营养膜内流动的薄层营养液中,钵或岩棉块包裹在里黑外白的塑料膜内,在外观上看不到基质,而只能看到营养液在流动。

#### 2. 雾培营养液

雾培是把营养液雾化喷射到植物根系周围,在植物根系表面凝结成营养液水膜,使根系有足够的机会吸收水分、养分和氧气。为了避免营养液的浓度因水分蒸发而有所改变，植株根系必须置于密闭的、黑暗的环境中，以减少水分的散失。

如果植株生长过快，也可增加营养液的浓度来调节，一方面可以补充足够的养分；另一方面可以促进器官分化。

### 3. 基质培营养液

基质培营养液的浓度和比例与水培和雾培相比，要求不那么严。在有基质的情况下，有些基质能够吸附足够多的养分，特别是一些离子交换剂，表面有电荷与养分形成双电层，当基质溶液的养分浓度高时，可以增加在基质上的吸附量；当基质溶液中的养分浓度低时，吸附的养分会解离出来，增加基质溶液中的养分量。因此，当植物所需的营养液配方不能正确掌握时，只有选用基质培营养液才能获得成功。

## 三、基质的特性

### （一）基质密度

基质密度是指单位体积基质的质量，用 g/L 或 g/cm$^3$ 表示。若密度过大，基质过于紧实，透水性、透气性较差，对植物生长不利；密度过小，基质过于疏松，通透性虽好，但保肥水性差，并且不易固定植物，一般以 0.1～0.88 g/cm$^3$ 为宜。

### （二）基质总孔隙度

基质总孔隙度是指基质中持水孔隙度和通气孔隙度的总和，用相当于基质体积的百分数表示。总孔隙度大的基质，空气和水的容纳空间大；反之则小。孔隙度大的基质有利于植物根系的生长，如蛭石、岩棉的总孔隙度在95%以上，砂的孔隙度小，只有30%左右，一般总孔隙度为60%～96%均可用于无土栽培。在实际生产中往往将几种基质混合使用。

### （三）基质大、小孔隙比例

大孔隙是指通气孔隙；小孔隙是指持水孔隙。大、小孔隙比例能反映基质中水、气之间的比例。如果孔隙比例大，说明空气容量大、持水容量小；反之说明空气容量小、持水容量大，一般大小孔隙比例以 1∶1.4～1∶1.5 为宜。

### （四）基质化学性质

基质化学性质稳定，不易发生化学反应，无有害物质，酸碱度适宜，不能酸性或碱性过强。还要有一定的缓冲能力。几种常见基质的理化性质见表4-1。

表 4-1　几种常见基质的理化性质

| 基质名称 | 密度 | 总孔隙度 | 大孔隙 | 小孔隙 | 含水量 | pH 值 |
|---|---|---|---|---|---|---|
| 砂子 | 1.49 | 30.5 | 29.5 | 1 | 1∶0.03 | 6.5 |
| 蛭石 | 0.25 | 133.5 | 25 | 108.5 | 1∶4035 | 6.5 |
| 珍珠岩 | 0.16 | 60.3 | 29.5 | 30.8 | 1∶1.04 | 6.3 |
| 岩棉 | 0.11 | 100 | 64.3 | 35.7 | 1∶0.55 | 6.3 |
| 锯末 | 0.19 | 78.3 | 34.5 | 43.8 | 1∶1.26 | 6.2 |
| 泡沫塑料 |  | 829.8 | 101.3 | 726 | 1∶7.13 |  |

### 四、基质消毒

无土栽培基质长期使用后会聚集病菌或虫卵，容易发生病虫害，对重复使用的基质要进行消毒，主要采取以下措施：

#### (一)蒸汽消毒

将基质装入柜内或箱内，用通气管通入蒸汽，密闭 70～90 ℃，持续 15～30 min。

#### (二)化学药品消毒

用氯化苦熏蒸，将基质堆成 30 cm 厚，每隔 20～30 cm 向基质内注入 3～5 mL 药液。并堵塞射孔，覆盖塑料薄膜，在 15～20 ℃温度条件下熏蒸 7～10 d，在使用前再风干 7～8 d，可以杀死基质中的线虫和其他害虫，以及杂草种子。

### 知识拓展

为了筛选适合切花月季水培生长的最适营养液浓度，以带有花苞的切花月季为材料，培养在园式标准配方浓度、标准液的 1/2 倍浓度、标准液的 1/4 倍浓度等几种不同浓度的园式标准配方营养液中，以清水为对照，通过比较月季花苞开花情况、叶绿素含量、新叶的数量、旧叶变黄的数量、细胞膜相对透性的变化得出适合切花月季水培的最适营养液浓度。

结果表明：随着营养液浓度递减，叶绿素含量先增多后减少，新叶的数量先增多后减少，旧叶变黄的数量先减少后增多，细胞膜相对透性先减少后增多；最适合切花月季培育的营养液浓度为 1/2 倍园式标准配方营养液。

### 任务实施

3～5 个同学一组，配制水培营养液。

实施步骤如下：

(1) 配置 10 倍大量元素母液：硝酸钾 7 g，硝酸钙 7 g，过磷酸钙 8 g，硫酸镁 2.8 g，硫酸铁 1.2 g，顺次溶解并定容至 1 L。

(2)配制 100 倍微量元素母液：硼酸 0.06 g，硫酸锰 0.06 g，硫酸锌 0.06 g，钼酸铵 0.06 g，顺次溶解定容至 1 L。

(3)混合：将大量元素母液稀释 5 倍，将微量元素母液稀释 50 倍，待等量混匀后，用稀盐酸或氢氧化钠溶液将 pH 值调为 6.0～6.5。

## 课后练习

1. 简述营养液的组成原则。
2. 如何配制营养液？
3. 如何管理、无土栽培的基质？

# 任务三　花卉无土栽培技术

## 📋 任务导入

某工厂需要通过无土栽培方式种植一批花卉，请根据花卉类型选择无土栽培方式，制定种植方案并根据方案开展种植。

## ⌨ 知识准备

花卉无土栽培技术包括切花生产；盆花无土栽培技术，如君子兰、中国兰栽培技术；观叶植物无土栽培技术，如巴西木栽培技术；屋顶花园无土栽培技术等。

### 一、切花月季无土栽培技术

切花月季无土栽培通常采用岩棉栽培和基质栽培两种方式。

#### (一) 岩棉栽培

**1. 育苗和定值**

选择生长情况良好，腋芽没有伸出、带5个以上复叶的芽，上方留1～2 cm，下部留2～3 cm剪下。经消毒后，在下切口上蘸上生根剂，插入预先浸足水的7.5 cm或10 cm的岩棉钵内。岩棉钵为正方体，四周由不透水的PVC膜包裹，上下露出岩棉。月季插入深度约2 cm，放置在间歇喷雾的苗床上，保持温度在18 ℃以上，经30～40 d后，有根从岩棉钵下部伸出来，腋芽抽出小枝。此时，可用EC值0.8～1.0 mS/cm的营养液给插穗施肥，待枝条伸出5 cm以上后，便可准备定植了。

岩棉板放置在高50 cm、宽40 cm的苗床上，一般采用1床定植1行或2行的栽培方法，内设供液管道，然后用银色塑料薄膜将栽培床包起来，以增加温室光照和减少营养液蒸发。采用滴灌供液系统，将肥料原液与清水混合配制的营养液，通过供液泵送到栽培床上。

**2. 植株管理**

当月季长到30 cm高或开花以后，将月季的枝条从基部折弯，使之倒向步道两侧，这种枝条称为同化专用枝，每株苗要求的最少同化专用枝是2～3条，密度小的同化专用枝可以适当增加。当同化专用枝有了保障以后，在植株基部向上长出的枝条就可以作为花枝使用了。当花蕾发育到一定程度，且达到出花的标准时，便将花枝从基部剪掉，达不到出花标准或受损伤无法成为商品花的可以从基部折弯，使之成为同化专用枝。由于采花的位置总是在植株的基部，操作起来十分简单，不用修剪植株的形状，将给规范化的生产带来许多方便，而这种栽培方法就叫作拱型栽培法。

#### (二) 基质栽培

基质栽培容易掌握，是我国目前主要的栽培方式。切花月季常用的基质为消毒的椰糠、岩棉或以泥炭、蛭石、珍珠岩等组成的混合基质。采用月季鲜切花生产专用离地式无土基质栽培槽，使槽底部离地面 30～40 cm，可用砖、石棉瓦或预制水泥板、钢架铁皮槽等材料制成，底部呈 V 形或 U 形，在种植槽低的一端或两端底部开孔，加引水管引导槽内的水流出，设废水回收管和回收池。其营养液的供液方法主要为滴灌。

栽培槽装入混合均匀的无菌栽培基质，浇透苗期营养液，槽内基质表面离槽口 1～2 cm。开定植沟（穴），每槽定植 2 行，根据品种特性和环境条件选择合适的定植密度，定植深度以盖过根系 2～4 cm 为宜，定植后立即浇透水。定植后 1～5 d 内控制光照，相对湿度保持在 50%～80%，促进缓苗。及时去除砧芽，当侧枝长到 40 cm 以上时，将枝条自基部向斜下方弯折，生长过程中及时去除花蕾。

## 二、君子兰无土栽培技术

君子兰无土栽培宜采用泥炭（草炭）、珍珠岩、蛭石、陶粒等作为基质，最好采用混合基质，以克服单一基质的一些弊病。如草炭∶珍珠岩＝1∶1 或草炭∶蛭石∶珍珠岩＝1∶1∶1。市场上销售的无土栽培营养液或君子兰专用营养液，按规定倍数稀释即可用。

将生长旺盛、株形较好的君子兰植株从花盆中脱出，抖去土，置入与环境温度相近的水中浸泡，在把根系洗净的同时摘去烂根，再将其根部放入配好的营养液中浸泡 8～12 h，让其充分吸收养分。上盆时盆底先加 1～2 层陶粒以便通气，然后加 2～5 cm 厚一层浸湿的基质，压实。将君子兰苗摆放盆中，使根系向四周舒展，再加基质至盆八分满时稍提苗后压实，上层再加盖一层陶粒，防止浇水时冲翻基质和日晒产生藻类。当君子兰植株定植完成后，即可浇灌营养液，直到盆底部的排水孔中有水渗出为止，同时给叶面喷淋些清水。

君子兰无土栽培常会发生软腐病，多发生在下部叶片上，开始时病斑暗绿色呈水渍状，以后病斑扩散连成片，茎组织变软腐烂。防治方法：浇水要适量，营养液不要过浓，浇液时不要沾到叶片上，在高温多湿季节要注意通风降温。

## 三、中国兰花无土栽培技术

家庭无土盆栽中国兰花定植有两种情况：一种情况是土栽盆兰改为无土盆栽，首先将植株挖起，洗净根系，分株后进行无土定植；另一种情况是从市场上买来的不带土的裸根苗，也要用水洗去泥土后定植。根据兰花的生态习性，其无土栽培基质要求通气性、透水性良好，所以可选用如下基质配方：砂、砾石、木炭培；地衣、砾石、木炭培；地衣、木炭培；地衣、砾石、砂培；泥炭、珍珠岩、苔藓培；塑料泡沫颗粒、砂、砾石培。用循环式营养液滴灌。

兰花定植宜选用口径 15～20 cm 的塑料花盆。栽植时先在盆底部铺一层 2～3 cm 厚的较大颗粒基质作为排水层，然后将花苗立于盆中，添加事先浸泡过的混合基质，边加边用手压紧，至盆八分满为止，表面再铺一层陶粒或苔藓、地衣，防止浇水冲出基质。定植后的第一次营养液要浇透，以盆底托盘见渗出液为宜。

平时每 10～15 d 补液一次，保持基质湿润，使表层不干不浇。兰花属中低肥力植物，忌大水大肥，但开花前孕蕾期至开花期应增加供液次数，每周1~2次。

多数兰花在冬季处于休眠期，不宜施肥，浇水也要减少。一般2~3周浇透水一次。兰花喜空气湿润的半阴环境，置于家庭室内散射光处为宜，平日要经常喷雾以增加空气湿度。夏季要避免强光直射，冬季可适当多见些阳光。兰花常见病虫害有炭疽病、白绢病、圆斑病和病毒病，要及时防治。

## 四、巴西木无土栽培技术

### (一)巴西木水培技术

巴西木的水培就是将巴西木树桩直栽在盛水的盆具(容器)里，施以所需的营养液，以供居室绿化装饰用。

将巴西木柱状树干锯成10~20 cm的茎段，上端涂蜡防止水分蒸发，然后置于盛水的盆具中，立即浇施稀释50~100倍的营养液，让基质充分吸透。营养液以富含硝态氮、偏酸性为佳，其中每升营养液含$Ca(NO_3)_2 \cdot 4H_2O$ 1.06 g、$KH_2PO_4$ 0.136 g、$KNO_3$ 0.303 g、$K_2SO_4$ 0.261 g、$MgSO_4 \cdot 7H_2O$ 0.492 g。在苗木叶上喷0.1%磷酸二氢钾水溶液，不久便能在下部生出新根，在上端萌发抽枝，然后在充足光照下正常管理。使用陶粒等颗粒较大的栽培基质时，每周需补充营养液，补充时稀释1~2倍使用。当发现陶粒表面有如白霜类的物质时，表明此时可清洗栽培基质，洗去陶粒表面附着的盐类。碱性土壤用稀释10倍的米醋冲洗1次，向下淋漓的溶液再反复冲洗基质2~3次，然后连同营养液一起倒掉，更换新配制的稀释1倍的原液营养液，之后用稀释5~10倍的营养液进行浇灌。

平时养护过程中，每30天左右用稀释10倍的米醋浇施1次，避免大水冲洗，营养液可在6~12个月更换1次。

对截干更新的巴西木带叶枝端可进行水插，插入水中后30 d左右萌发新根，并长出新叶，不带叶的则需60~90 d后生根萌叶。巴西木的根系略带黄色或橙色，置于透明的玻璃容器中，橙黄色的根系与地上部的叶片相映，极有观赏价值。

### (二)巴西木基质栽培

巴西木喜排水良好、富含腐殖质的壤土。宜用疏松、排水良好、保水、保肥的土壤。常用比例为6∶4的椰糠和河沙或用比例为1∶1的泥炭土和河沙，也可用比例为7∶3的山泥和砻糠灰(珍珠岩)混合配制而成。另外，还可用田园土、腐叶土、泥炭土、砻糠灰或珍珠岩按1∶1∶1的比例混合配制，并加饼砂、肥砂或腐熟的牛粪、鸡粪等作基肥。

## 五、屋顶花园无土栽培技术

屋顶花园(绿化)植物无土栽培就是在钢筋混凝土平屋顶上，经过认真地防水处理后，铺多孔、质轻的粒状物质代替土壤作栽培介质，种植合适的植物。

屋顶花园应选用自重轻、透气性好、保水保肥能力强、不板结、经济环保等种植基质。筛选时着重考虑其容重、透气性、保水性、粒径、养分、环保、铺设方式和建设成本这几个方面,将其控制在筛选条件范围内。可选用田园土、泥炭土、腐殖土、蛭石、谷壳、锯末、煤渣等作为原料,经配制混合后使用。

在建设轻型绿色屋顶时,可采用常用的无土栽培基质并按照植物生长需要进行配比,如种植景天科植物时,泥炭、椰糠、珍珠岩以 2∶3∶1 的比例混合,基质厚度不得低于 4 cm。

为了充分减轻荷载,基质厚度应控制在最低限度。一般种植草坪需 10～15 cm;种植低矮的草花需 20～30 cm;种植灌木需 40～50 cm;种植小乔木需 60～75 cm;种植藤本类及小型灌木类植物时,需 10 cm 以上的基质厚度。草坪与乔灌木之间以斜坡过渡。栽植前,对基质进行喷水,使基质充分湿润后再栽。最好选在阴天或傍晚栽植,以减小植株蒸腾失水。栽植顺序一般为先植高大深根性的,后植低矮浅根性的,最后植草坪或地被植物。栽后可逐渐恢复正常日照,及时浇水,并进行适当遮阴养护。约 10 d 后进行正常养护管理。

面积较大的屋顶花园,最好设置自动喷灌或滴灌设施。除了采用基质槽培外,可在不超载的情况下适当配置一些大中型盆栽植物,如广玉兰、棕榈类、南洋杉、无花果、扶桑、夹竹桃等,十分具有观赏性。夏季可设遮阴篷加以遮阴,冬季可移到室内越冬。屋顶花园(绿化)应根据花木生长特点,随环境和季节以及品种更新换代,及时更新和修剪,以达到其应有的美化效果,更好地发挥屋顶花园的环境效益和社会效益。

## 知识拓展

**微型盆栽月季的栽培管理**

### 1. 水肥管理

微型盆栽月季施肥采用水肥一体化循环灌溉系统结合浇水进行,原则是"勤施、少施、淡施"。按照夏季晴天每天 1 次,阴天或冬季隔天 1 次的频率进行水肥管理。微型盆栽月季生长所需的 N、P、K、Ga、Mg 及微量元素用量可根据微型盆栽月季的品种特性、目标产量、产品质量、需肥规律、灌溉需求,以基质 EC 值为基础进行计算,从而制定施肥配方,确定 EC 值。可采用氮、磷、钾(20∶20∶20)+微量元素的复合肥配制营养液。在实际浇水、施肥时,可根据植株长势、生育期、季节变化、气候状况灵活调整营养元素用量。在浇水、施肥的过程中,灌溉用水 EC 值要小于 0.4 mS/cm、肥液 EC 值为 1.2～1.8 mS/cm、pH EC 值为 5.5～6.5。浇水、施肥结束后,利用循环回收系统回收多余肥液,经消毒、杀菌、稀释处理后,进入灌溉系统循环使用。

### 2. 环境控制

微型盆栽月季生长发育的适宜温度范围为白天 22～28 ℃、夜间 14～17 ℃,湿度 55%～70%,光照度 5 000～15 000 lx。在日常管理过程中,需定点、定时进行环境条件监测记录,根据监测结果及植株长势、气候情况,适时调整大棚温度、湿度、光照度、灌溉水、灌溉肥液 EC 值和 pH 值。同时，白天及时打开天窗和侧窗加强通风透气，有条件的可在光照不足时进行人工补光，适时开展大棚内消毒，及时摘除和销毁感病枝叶，确保获得最高产量、品质和产出效益。

### 3. 修枝整形

微型盆栽月季移入栽培大棚潮汐床或栽培管道后 1 周左右，腋芽开始萌发，夏季经过 15~20 d，冬季经过 18~25 d，盆中的 4~5 株植株各长成 1 个枝条，并且木质化。此时，需进行修枝整形，修剪方法是留 2~4 个腋芽完好的外节，最上面 1 个叶片向内。同时，清理茎基部的老叶和病叶，保持盆花清洁，通透性良好。

## 任务实施

在无土栽培环境中，通过人工配制营养液，用特定的设备（如栽培床）或基质固定植株，花卉不仅可以得到与常规土壤中同样的水分、无机营养和空气，得以正常的生长发育，且可人工调控环境，有利于栽培技术现代化，并节省劳力、降低成本。所用植物材料为盆栽绿萝、吊兰；药品有硝酸钾、硝酸钙、过磷酸钙、硫酸镁、硫酸铁、硼酸、硫酸锰、硫酸锌、钼酸铵、1N HCl、1N NaOH；用具有塑料盆、天平、容量瓶、蒸馏水、蛭石基质等。

实施步骤如下。

### 1. 营养液的配制（汉普营养液配制）

(1) 大量元素 10 倍母液的配制。称取硝酸钾 7 g，硝酸钙 7 g，过磷酸钙 8 g，硫酸镁 2.8 g，硫酸铁 1.2 g，顺次溶解至 1 L。

(2) 微元量 100 倍母液的配制。称取硼酸 0.06 g，硫酸锰 0.06 g，硫酸锌 0.06 g，硫酸铜 0.06 g，钼酸铵 0.06 g，依次溶解后定容至 1 L。

(3) 母液稀释。将大量元素母液稀释 5 倍，微量元素母液稀释 50 倍后等量混合后，用 1 mol/L HCl 或 1 mol/L NaOH 调 pH 值为 6.0~6.5（注意初植时营养浓度应减半，恢复生长后正常浇灌）。

### 2. 基质的准备

将蛭石放在高压灭菌锅中按灭菌操作程序灭菌后，自然冷却备用。

### 3. 基质栽培

(1) 脱盆洗根。将盆倒扣，用手顶住排水孔，将植株连同培养土一起倒出，然后放入水池中浸泡，使培养土从根际自然散开，洗净根系。

(2) 浸根吸养。将根系土壤洗净后，放入稀释好的营养液中，进行缓冲营养培养。

(3) 基质填充。将消毒的蛭石填入塑料盆后，将花卉植株种植于其中（注意，尽量避免窝根），蛭石最后填充高度至离盆面 2~3 cm。

(4) 营养液灌注。蛭石充填压实后将营养液均匀地浇透基质。

(5)根系加固。在基质表面放石粒或其他材料稳固植株。

(6)日常养护管理。定期向盆中倾注营养液。

## 课后练习

1. 除月季外，还有哪些花卉可以进行鲜切花无土栽培？请举例说明。
2. 屋顶花园种植的植物有哪些？

# 项目五　花卉的应用技术

## 学习目标

**知识目标**

1. 了解盆花的分类与主要应用形式；
2. 了解花卉租摆的操作与管理方法；
3. 了解包装的意义及切花的分级包装工作知识；
4. 熟悉园林绿地中花坛、花境、花丛、花篱及花柱等的内涵及配制要求和原则，各类花卉布置的特点及花卉选材的要求；
5. 熟悉的花卉产业结构、产品的营销渠道及花卉经营特点知识。

**能力目标**

1. 针对不同花坛、花镜样式，能够进行花卉材料的选择与搭配；
2. 能够掌握花卉租摆的具体操作方法；
3. 能够掌握盆花在装饰会场、居室、厅堂等的应用设计；
4. 能够做好切花的分级包装工作；
5. 能够掌握花卉生产技术管理的内容及管理技术。

**素养目标**

1. 通过花卉在园林绿地中不同的布置形式学习，具备一定的观察力与归纳总结的能力；
2. 在花卉的选材工作中提高处理问题的应变能力；
3. 在花卉的应用设计中培养一定的创造力；
4. 在花卉的经营过程中培养细致、严谨的工作作风。

## 任务一　花卉在园林绿地中的应用

### 任务导入

通过本任务的学习，用日常生活中的花卉类型设计一个元旦花丛式花坛。

### 知识准备

#### 一、花坛

花坛是指在具有几何轮廓的植床内种植各种不同色彩的花卉，运用花卉的群体效果来体现图案纹样，或观赏盛花时绚丽景观的一种花卉应用形式。花坛富有装饰性，在园林布局中常作为主景，在庭院布置中也是重点设置部分，对于街道绿地和城市建筑物也起着重要的配景和装饰美化的作用。

### (一)花坛的分布地段

花坛常设置在建筑物的前方、交通干道中心、主要道路或主要出入口两侧、广场中心或四周、风景区视线的焦点及草坪等。其主要在规则式布局中应用，有单独或多个带状及成群组合等类型。

### (二)花坛的种类

(1)依据植物材料不同和布置方式不同，花坛可分为花丛式花坛和模纹花坛。

①花丛式花坛。花丛式花坛又称盛花花坛，花坛内栽植的花卉以其整体的绚丽色彩与优美的外观取得群体美的观赏效果。盛花花坛外部轮廓主要是几何图形或几何图形的组合，大小要适度。内部图案要简洁，轮廓鲜明，体现整体色块效果。

适合的花卉应株丛紧密，着花繁茂，在盛花时应完全覆盖枝叶，要求花期较长，开放一致，花色明亮鲜艳，有丰富的色彩幅度变化。同一花坛内栽植几种花卉时，它们之间界限必须明显，相邻的花卉色彩对比一定要强烈，高矮则不能相差悬殊。

②模纹花坛。模纹花坛主要由低矮的观叶植物或花和叶兼美的花卉组成，表现群体组成的精美图案或装饰纹样，包括毛毡花坛、浮雕花坛和彩结花坛。模纹花坛外部轮廓以线条简洁为宜，面积不宜过大。内部纹样图案可选择的内容广泛，如工艺品的花纹、文字或文字的组合、花篮、花瓶、各种动物、乐器的图案等。色彩设计应以图案纹样为依据，用植物的色彩突出纹样，使之清新而精美。多选用低矮细密的植物，如五色草类、白草、香雪球、雏菊、半枝莲、三色堇、孔雀草、红叶苋及矮黄杨等。

(2)按照形式，花坛可分为平面花坛、斜面浮雕式花坛、立体花坛。

### (三)花坛花卉配置的原则

配置花坛花卉时首先要考虑到周围的环境和花坛所处的位置。若以花坛为主景，周围环境以绿色为背景，那么花坛的色彩及图案可以鲜明丰富一些；若以花坛作为喷泉、纪念碑、雕塑等建筑物的背景，其图样应恰如其分，不可喧宾夺主。

花坛的色彩要与主景协调。在颜色的配置上，一般认为红色、橙色、粉色、黄色为暖色，给人以欢快活泼、热情温暖之感；蓝色、紫色、绿色为冷色，给人以庄重严肃、深远凉爽之感。如幼儿园、小学、公园、展览馆所配置的花坛，其造型要秀丽、活泼，色调应鲜艳多彩，给人以舒适欢快、欣欣向荣的感觉；四季花坛配置时要有一个主色调，使人感到季相的变化。如春季用红色、黄色、蓝色或红色、黄色、绿色等组合色调，给人以万木复苏、万紫千红又一春的感受；夏季以青色、蓝色、白色、绿色等冷色调为主，营建一个清凉世界；秋季用大红色、金黄色调为主，寓意喜获丰收的喜悦；而冬季则以白色与黄色、白色与红色为主，隐含瑞雪兆丰年和春天即将来临的意境。

花卉植株高度的搭配。四面观花坛，应该中心高，向外逐渐矮小；一侧观花坛，后面高，前面低。

同一花坛内色彩和种类配置不宜过多过杂，一般面积较小的花坛，只用一种花卉或用一两种颜色；大面积花坛可用四五种颜色拼成图案，绿色广场花坛，也可以只用一种颜色如大红色、金黄色等，与绿地草坪形成鲜明的对比，给人以恢宏的气势感。

### (四) 花坛配置常用的花卉种类

花坛配置常用的花卉材料包括一二年生花卉、宿根花卉、球根花卉等。花丛式花坛常用花卉种类可参阅表 5-1，模纹花坛常用花卉材料可参阅表 5-2。

表 5-1 花丛式花坛常用花卉种类

| 季节 | 名称 | 株高/cm | 花期/月 | 花色 |
| --- | --- | --- | --- | --- |
| 春 | 三色堇 | 10～30 | 3—5 | 紫、黄、白 |
| | 雏菊 | 10～20 | 3—6 | 白、鲜红、深红、粉红 |
| | 矮牵牛 | 20～40 | 5—10 | 红、白、粉、紫 |
| | 金盏菊 | 20～40 | 4—6 | 黄、橙黄、橙红 |
| | 紫罗兰 | 20～70 | 4—5 | 白、红、粉、黄 |
| | 石竹 | 20～60 | 4—5 | 紫红、粉红、鲜红、白 |
| | 郁金香 | 20～40 | 4—5 | 红、橙、黄、紫、白、复色 |
| 夏 | 矮牵牛 | 20～40 | 5—10 | 红、白、粉、紫 |
| | 金鱼草 | 20～45 | 5—6 | 白、粉、红、黄 |
| | 百日草 | 50～70 | 6—9 | 红、白、黄、橙 |
| | 半枝莲 | 10～20 | 6—8 | 红、粉、黄、橙 |
| | 美女樱 | 25～50 | 4—10 | 红、粉、白、蓝紫 |
| | 四季秋海棠 | 20～40 | 1—12 | 红、白、粉红 |
| 秋 | 翠菊 | 60～80 | 7—11 | 红、淡红、蓝、黄或淡蓝紫 |
| | 凤仙花 | 50～70 | 7—9 | 红、粉、白、紫 |
| | 一串红 | 30～70 | 5—10 | 红、紫、白、黄、橙黄 |
| | 万寿菊 | 30～80 | 5—11 | 黄、橙、复色 |
| | 鸡冠花 | 30～60 | 7—10 | 红、紫、黄、橙 |
| | 长春花 | 40～60 | 7—9 | 紫红、深红、粉、白 |
| | 千日红 | 40～50 | 7—11 | 紫红、淡紫、白 |
| | 藿香蓟 | 40～60 | 4—10 | 淡紫、白 |
| | 美人蕉 | 100～130 | 8—10 | 红、黄 |
| | 大丽花 | 60～150 | 6—10 | 白、红、紫 |
| | 菊花 | 60～80 | 9—10 | 黄、白、粉、紫、红 |
| 冬 | 羽衣甘蓝 | 30～40 | 11—翌年 2 | 紫红、黄白 |
| | 红叶甜菜 | 25～30 | 11—翌年 2 | 深红、红褐 |

表 5-2　模纹花坛常用花卉材料

| 名称 | 株高/cm | 花期/月 | 花色 |
|---|---|---|---|
| 五色草 | 20 | 观叶 | 绿、红褐 |
| 白草 | 5~10 | 观叶 | 白绿色 |
| 荷兰菊 | 50 | 8—10 | 蓝紫 |
| 雏菊 | 10~20 | 3—6 | 白、鲜红、深红、粉红 |
| 翠菊 | 60~80 | 7—11 | 紫红、红、粉、蓝紫 |
| 四季秋海棠 | 20~40 | 1—12 | 红、白、粉红 |
| 半枝莲 | 10~20 | 6—8 | 红、粉、黄、橙 |
| 小叶红叶苋 | 15~20 | 观叶 | 暗红色 |
| 孔雀草 | 20~40 | 6—10 | 橙黄 |

近几年，全国各地从国外引进了许多一二年生花卉的 F1 代杂交种，如巨花型三色堇、矮生型金鱼草、鸡冠花、凤仙花、万寿菊、矮牵牛、一串红、羽衣甘蓝等。在设施栽培条件下，一年四季均可开花，极大丰富了节日用花。

花坛中心除立体花坛采用喷泉、雕塑等装饰外，可以选用较高大而整齐的花卉材料，如美人蕉、高金鱼草、地肤等，也可以选用木本花卉布置，如苏铁、雪松、蒲葵、凤尾兰等。

### (五)花坛的建设与管理

建设花坛按照绿化布局所指定的位置翻整土地，将其中砖块杂物过筛剔除，土质贫瘠的要调换新土并加施基肥，然后按设计要求平整放样。

栽植花卉时，圆形花坛由中央向四周栽植，单面花坛由后向前栽植，要求株行距对齐；模纹花坛应先栽图案、字形，如果植株有高低，应以矮株为准，对较高植株可种深些，力求平整，株行距以叶片伸展相互连接不露出地面为宜，栽植后立即浇水，以促成活。

平时管理要及时浇水，中耕除草，剪残花，去黄叶，发现缺株及时补栽；模纹花坛应经常修剪、整形，不使图案杂乱，遇到病虫害发生，应及时喷药。

### (六)花坛花卉栽培管理的特点

(1)一年生花卉是夏季景观中的重要花卉，二年生花卉是春季景观中的重要花卉。
(2)色彩鲜艳美丽，开花繁茂整齐，装饰效果好，在园林中起画龙点睛的作用。
(3)易获得种苗，方便大面积栽种，见效快。
(4)每种花卉开花期集中，方便及时更换种类，保证较长期的良好观赏效果。
(5)常用花卉栽培形式主要有花坛、种植钵、窗盒等。
(6)有些种类可以自播繁衍，形成野趣，可以当宿根花卉使用，常用于野生花卉园。
(7)蔓性种类可用于垂直绿化，见效快且对支撑物的强度要求低。

(8)为了保证观赏效果,一年中要更换多次,管理费用较高。
(9)对环境条件要求较高,直接栽植时需要选择良好的种植地点。

### (七)花坛花卉栽培的方式

(1)直播栽培方式。将种子直接播种于花坛或花池内生长发育至开花的过程,称为直播栽培方式。

(2)育苗移栽方式。先在育苗圃地播种培育花卉幼苗,长至成苗后,按要求定植到花坛、花池或各种园林绿地中的过程,称为育苗移栽方式。

### (八)花坛花卉的栽培管理

(1)间苗。在播种幼苗出土后出现密生拥挤时,疏拔过密或柔弱的幼苗,以扩大苗间距离,有利于通风、光照,促使幼苗生长健壮。间苗时要细心操作,不可牵动留下的幼苗,以免损伤幼苗的根系,影响生长。

(2)移植与定植。移植包括起苗和栽植两个过程。栽植一般称为定植。

(3)灌溉。用水以软水为宜,避免使用硬水。浇水量和灌水次数与季节、土质、气候条件、花卉种类等因素有关。灌水时间因季节而异。根据花卉种类和习性采用合适的浇水方法,就花卉种类的习性而言,有的则需要叶面淋浇,有的则需要在土表面淋浇等。

## 二、花台

花台又称高设花坛,是高出地面栽植花木的种植方式。花台四周用砖、石、混凝土等堆砌作台座,其内填入土壤,栽植花卉,类似花坛,但面积较小。在庭院中作厅堂的对景或入门的框景,也有将花台布置在广场、道路交叉口或园路的端头,以及其他突出、醒目且便于观赏的地方。

花台的配置形式一般可分为以下两类。

### (一)规则式布置

规则式花台的外形有圆形、椭圆形、正方形、矩形、正多角形、带形等。其选材与花坛相似,但由于面积较小,一个花台内通常只选用一种花卉,除一二年生花卉及宿根、球根类花卉外,木本花卉中的牡丹、月季、杜鹃、凤尾竹等也常被选用。由于花台高出地面。因而应选用株形低矮、繁密匍匐,枝叶下垂于台壁的花卉,如矮牵牛、美女樱、天门冬、书带草等。这类花台多设在规则式庭院中、广场或高大建筑前面的有规则的绿地上。

### (二)自然式布置

自然式花台又称盆景式花台,将整个花台视为一个大盆景,按中国传统的盆景造型,常以松、竹、梅、杜鹃、牡丹为主要植物材料,配饰以山石、小草等。构图不着重于色彩的华丽,以艺术造型和意境取胜。这类花台多出现在古典式园林中。

花台多设在地下水水位高或夏季雨水多、易积水的地区，如根部怕涝的牡丹等就需要花台。古典园林的花台多与厅堂呼应，可在室内欣赏。植物在花台内生长，受空间的限制，不如地栽花坛那样健壮，所以，西方园林中很少应用。花台在现代园林中除积水之地外，一般不宜大量设置。

### 三、花境

#### (一)花境的概念和特点

花境是指以多年生花卉为主组成的带状地段，花卉布置常采取自然式块状混交，表现花卉群体的自然景观。花境是根据自然界中林地、边缘地带多种野生花卉交错生长的规律，加以艺术提炼而应用于园林。花境的边缘依据环境的不同可以是直线，也可以是流畅的自由曲线。

#### (二)花境设计原则

花境设计首先是确定平面，要讲究构图完整，高低错落，一年四季季相变化丰富又看不到明显的空秃。花境中栽植的花卉对植株高度要求不严，只要开花时不被其他植株遮挡即可，花期不要一致，要一年四季都能有花；各种花卉的配植比较粗放，只要求花开成丛，能反映季节的变化和色彩的协调即可。

#### (三)花卉材料的选择和要求

花境内植物的选择以在当地露地越冬、不需要进行特殊管理的宿根花卉为主，兼顾一些小灌木及球根花卉和一二年生花卉，如玉簪、石蒜、紫菀、萱草、荷兰菊、菊花、鸢尾、芍药、矮生美人蕉、大丽花、金鸡菊、蜀葵等。配植的花卉要考虑到同一季节中彼此的色彩、姿态、形状及数量上要搭配得当，植株高低错落有致，花色层次分明。理想的花境应四季有景可观，即使在寒冷地区也应做到三季有景。花境的外围要有一定的轮廓，边缘可以配植草坪、麦冬、沿阶草等作点缀，也可配置低矮的栏杆以增添美感。

花境多设在建筑物的四周、斜坡、台阶的两旁和墙边、路旁等处。在花境的背后，常用粉墙或修剪整齐的深绿色的灌木作背景来衬托，使二者对比鲜明，如设置在红墙前的花境，可选用枝叶优美、花色浅淡的植物来配植；在灰色墙前的花境则很适宜用大红色、橙黄色花来配植。

#### (四)花境类型

花境因设计的观赏面不同，可分为单面观赏花境和两面观赏花境等种类。

**1. 单面观赏花境**

花境宽度一般为 2~4 m，植物配植形成一个斜面，低矮的植物在前、较高的植物在后，以建筑或绿篱作为背景，供游人单面观赏。其高度可高于人的视线，但不宜过高，通常布置在道路两侧、建筑物墙基或草坪四周等地。

**2. 两面观赏花境**

花境宽度一般为 4~6 m。植物的配植为中央高，两边较低，因此，可供游人从两面观赏，通常两面观赏花境布置在道路、广场、草地的中央等地。

### (五) 花境的建设、养护

花境的建设、养护与花坛基本相同。但在栽植花卉时，根据布局，先种宿根花卉、再栽一二年生花卉或球根花卉，经常剪残花，去枯枝，摘黄叶，对易倒伏的植株要支撑绑缚，秋后要清理枯枝残叶，对露地越冬的宿根花卉应采取防寒措施，对栽后 2~3 年的宿根花卉要进行分株，以促进更新复壮。

## 四、花柱

花柱作为一种新型绿化方式，越来越受到人们的青睐，它最大的特点是充分利用空间，立体感强，造型美观，而且管理方便。立体花柱四面都可以观赏，这样弥补了花卉平面应用的缺陷。

### (一) 花柱的骨架材料

花柱一般选用钢板冲压成 10 cm 间隔的孔洞（或钢筋焊接成），然后焊接成圆筒形。孔洞的大小要视花盆而定，通常以花盆直径计算。然后刷漆、安装，将栽有花草的苗盆（卡盆）插入孔洞内，同时，花盆内部都要安装滴水管，便于灌水。

### (二) 常用的花卉材料

常用的花卉材料应选用色彩丰富、花朵密集且花期长的花卉，如长寿花、三色堇、矮牵牛、四季海棠、天竺葵、早小菊、五色草等。

### (三) 花柱的制作

(1) 安装支撑骨架：用螺钉等把花柱骨架各部分连接安装好。

(2) 连接安装分水器：花柱等立体装饰都配备相应的滴灌设备，并可实行自动化管理。

(3) 卡盆栽花：将花卉栽植到卡盆中。由于进行花柱装饰的花卉会在室外保留时间较长，栽到花柱后施肥困难，因此，应在上卡盆前施肥。施肥的方法：准备一块海绵，在海绵上放适量缓释性颗粒肥料，再用海绵把基质包上，然后栽入卡盆。

(4) 卡盆定植：将卡盆定植到花柱骨架的孔洞内，把分水器插入卡盆中。

(5) 养护管理：定期检查基质干湿状况，及时补充水分；检查分水器微管是否出水正常，保证水分供应；定期摘除残花，保证最佳的观赏效果；对于一些观赏性变差的植株，要进行定期更换。

## 五、花墙

垂直绿化是指应用攀缘植物沿墙面或其他设施攀附上升形成垂直面的绿化。其对丰富城市绿化，改善生活环境具有很重要的作用。花墙作为垂直绿化的一种形式，既可使墙体增添美感，显得富有生机感，起到绿化、美化效果；又可起到隔热、防渗、减少噪声及屏蔽部分射线和电磁波的作用。夏季可降温，冬季则保暖。

### (一)花卉材料的选择

向阳墙面：温度高，湿度低，蒸腾量大，土壤较干旱，应选择喜光、耐旱和适应性强的花卉种类，如凌霄花、木香、藤本月季、藤本蔷薇等。

向阴墙面：日照时间短，温度低，较潮湿，应选择耐阴湿的花卉种类，如常春藤、络石、金银花、地锦等。

### (二)墙面绿化的形式

附壁式：将藤本花卉的蔓藤沿墙体扩张生长，枝叶布满攀附物，形成绿墙。其适用于具有吸盘或吸附根的藤本植物，如爬山虎、常春藤、凌霄花等植物。

篱垣式：选用钩刺类和缠绕类植物，如藤本月季、蔷薇、香豌豆、牵牛等，使其爬满栅栏、篱笆，起绿色围墙作用。

**1. 花卉材料的种植**

在近墙地面应留有种植带或建有种植槽，种植带的宽度一般为 50~150 cm，土层厚度在 50 cm 以上。种植槽宽度为 50~80 cm，高度为 40~70 cm，槽底每隔 2~2.5 cm 应留排水孔。选用疏松、肥沃的土壤作种植土，植株种植前要进行修剪，剪掉多数的丛生枝条，选留主干。苗木根部应距离墙根 15 cm 左右，株距为 50~70 cm。栽植深度以苗木根团全埋入土中为准。如果墙面太光滑，植物不易爬附墙面，需要在墙面上均匀地钉上水泥膨胀螺钉，用螺钉贴着墙面拉成网，供植物攀附。

**2. 养护**

藤本植物离心生长能力很强，因此，需要经常施肥和灌溉，及时松土、除草，以及修剪整形，生长期注意摘心、抹芽，促使侧枝大量萌发，迅速达到绿化效果。花落后应及时剪除残花。冬季应剪去病虫枝、干枯枝及重叠枝。

## 六、篱垣及棚架

利用蔓性和攀缘类花卉既可以构成篱栅、棚架、花廊，还可以点缀门洞、窗格和围墙。既可收到绿化、美化的效果，又可起防护、遮阴的作用，给游人提供纳凉、休息的场所。

在篱垣上常利用一些草本蔓性植物作垂直布置，如牵牛花、茑萝、香豌豆、苦瓜、小葫芦等。这些草花质量较轻，不会将篱垣压歪压倒；棚架和透空花廊宜用木本攀缘花卉来布置，如紫藤、凌霄花、络石、葡萄等。它们经多年生长后能布满棚架，具有观花观果的效果；同时，又兼有遮阳降温的功能。采用篱垣及棚架形式，还可以补偿城市因地下管道距地表近，不适用于栽树的弊端，有效地扩大了绿化面积，增加城市景观，保护城市生态环境，改善人民生活质量。

特别应该提出的是攀缘类月季与铁线莲，具有较高的观赏性，其可以构成高大的花柱，也可以培养成铺天盖地的花屏障，既可以弯成弧形做拱门，也可以依着木架做成花廊或花凉棚，在园林中得到广泛的应用。

儿童游乐场地中常用攀缘类植物组成各种动物形象。这需要事先搭好骨架，人工引导使花卉将骨架布满，装饰性很强，使环境气氛更为活跃。

### 七、花篱

花篱是指用开花植物栽植、修剪而成的一种绿篱。其是园林中较为精美的绿篱或绿墙，主要花卉有栀子花、杜鹃花、茉莉花、六月雪、迎春、凌霄花、木槿、麻叶绣球、日本绣线菊等。

花篱按养护管理方式可分为自然式和整形式。自然式一般只施加少量的调节生长势的修剪；整形式则需要定期进行整形修剪，以保持体形外貌。在同一景区，自然式花篱和整形式花篱可以形成完全不同的景观，根据具体环境灵活运用。

花篱的栽植方法是在预定栽植的地带先行深翻整地，施入基肥，然后视花篱的预期高度和种类，分别按 20 cm、40 cm、80 cm 左右的株距定植。定植后充分灌水，并及时修剪。养护修剪原则：对整形式花篱应尽可能使下部枝叶多见阳光，以免因过分荫蔽而枯萎，因此，若要使树冠下部宽阔，越向顶部越狭窄，通常以采用正梯形或馒头形为佳。对自然式花篱必须按不同树种的各自习性及当地气候采取适当的调节树势和更新复壮措施。

### 八、盆花布置

盆栽花卉是环境花卉装饰的基本材料，具有布置更换方便、种类形式多样、观赏期长、四季开花、适应性强等优点。另外，盆栽花卉种类形式多样，花朵大小、花形、花色、叶形、叶色、植株大小等可供选择的余地大，为装点环境提供了有利的条件。盆栽花卉适应性广，不同程度的光照、水分、温度、湿度等环境都有与之相适应的盆栽花卉。盆栽花卉四季都有开花的种类，且花期容易调控，可满足许多重大节日和临时性重大活动的用花。盆花现已广泛应用于宾馆、饭店、写字楼、娱乐中心、度假村等场所，逐渐形成盆花租摆的业务。

#### (一) 盆花的分类

**1. 依据盆花高度(包括盆高)分类**

(1) 特大盆花。200 cm 以上。
(2) 大型盆花。130～200 cm。
(3) 中型盆花。50～130 cm。
(4) 小型盆花。20～50 cm。
(5) 特小型盆花。20 cm 以下。

**2. 依据盆花的形态分类**

(1) 直立型盆花。植株生长向上伸展，大多数盆花属于此类，如朱蕉、仙客来、四季秋海棠、杜鹃等，是环境布置的主体材料。

(2)匍匐型盆花。植株向四周匍匐生长，有的种类在节间处着地生根，如吊竹梅、吊兰等，是覆盖地面或垂吊观赏的良好材料。

(3)攀缘性盆花。植株具有攀缘性或缠绕性，可借助他物向上攀升，如文竹、常春藤、绿萝等，可美化墙面、阳台、高台等，也可以各种造型营造艺术氛围。

### 3. 依据对光照要求不同分类

(1)要求光照充足的盆花。适合露地生长，对光照要求高。适宜露地花坛布置应用，作庭院布置、街头摆放用。若用于室内，仅可供观赏 3～10 d，如荷花、菊花、美人蕉等。

(2)要求室内光照充足的盆花。宜摆放在室内阳光充足处，供短期观赏，每隔 1～2 周应更换一次，如白兰花、叶子花、梅花、月季花、一品红、杜鹃花类、报春花类、秋海棠类、扶桑、变叶木等。

(3)要求室内明亮并有部分宜射光的盆花。宜摆放在室内花卉，如南洋杉、印度橡皮树、含笑花、山茶花、柑橘类、南天竹、散尾葵、朱蕉等。

(4)要求室内明亮而无直射光的盆花，如棕榈、蒲葵、棕竹、龟背竹、君子兰等。

## (二)盆花的主要应用形式

### 1. 按露地应用的形式分

(1)平面式布置。用盆花水平摆放成各种图形，其立面的高度差较小，适用于小型布置。用花种类不宜过多，其四面观赏布置的中心或一面观赏布置的背面中部最好有主体盆花，以使主次分明，构成鲜明的艺术效果。也可布置成花境、连续花坛等，主要应用于较小环境的布置，如院落、建筑门前或小路两旁等，或在大型场合中作局部布置。

(2)立体式布置。多设置花架，将盆花码放在花架上，构成立面图形。花架的层距要适宜，前排的植株能将后排的花盆完全掩盖，最前一排用观叶植物镶边，如天门冬、肾蕨等，利用它们下垂的枝叶挡住花盆。用于大型花坛布置。图案和花纹不宜过细，以简洁、华丽、庄重为宜。立体式布置多设置在门前广场、交叉路口等处。

(3)盆花造景。按照设计图搭成相应的支架，将盆花组合成设计的图案，再配以人造水体，如喷泉、人造瀑布等。如每年"十一"各地广场都有许多大型植物造景。

露地环境气温较高，阳光强烈，空气湿度小，通风较好，选用的盆花要适宜这样的环境条件，如一串红、天竺葵、瓜叶菊、冷水花、南洋杉、一品红、叶子花、榕树、海桐等。

### 2. 按室内应用的形式分

(1)正门内布置。多用对称式布置，常置于大厅两侧，因地制宜，可布置两株大型盆花，或成两组小型花卉布置。常用的花卉有苏铁、散尾葵、南洋杉、鱼尾葵、山茶花等。

(2)盆花花坛布置。多布置在大厅、正门内、主席台处。依场所环境不同可布置成平面式或立体式，但要注意室内光线弱，选择的花卉光彩要明丽、鲜亮，不宜过分浓重。

(3)垂吊式布置。在大厅四周种植池中摆放枝条下垂的盆花，犹如自然下垂的绿色帘幕，轻盈飘逸，十分美观。或置于室内角落的花架上，或悬吊观赏，均有良好的艺术效果。常用的花卉有绿萝、常春藤、吊竹梅、吊兰、紫鸭趾草等。

（4）组合盆栽布置。组合盆栽是近年流行的花卉应用，强调组合设计，被称为"活的花艺"。将草花设计成组合盆栽，并搭配一些大小不等的容器，配合株高的变化，以群组的方式放置。另外，还可以根据消费者的爱好，随意打造一些理想的、有立体感的组合景观。

（5）室内角隅布置。角隅部分是室内花卉装饰的重要部位，因其光线通常较弱，直射光较少，所以要选用一些较耐弱光的花卉，大型盆花可直接置于地面，中小型盆花可放在花架上，如巴西铁、鹅掌柴、棕竹、龟背竹、喜林芋等。

（6）案头布置。多置于写字台或茶几上，对盆花的质量要求较高，要经常更换，宜选用中小型盆花，如兰花、文竹、多浆植物、杜鹃花、案头菊等。

（7）造景式布置。多布置在宾馆、饭店的四季厅中。可结合原有的景点，用盆花加以装饰，也可配合水景布置。一般的盆栽花卉都可以采用。

（8）窗台布置。窗台布置是美化室内环境的重要手段。南向窗台大多向阳干燥，宜选择抗性较强的虎刺、虎尾兰和仙人掌类及多浆植物，以及茉莉、米兰、君子兰等观赏花卉；北向窗台可选择耐阴的观叶植物，如常春藤、绿萝、吊兰和一叶兰等。窗台布置要注意适量采光及不遮挡视线为宜。

### （三）盆花的装饰设计

#### 1. 大门口的绿化装饰

大门是人进出必经之地，是迎送宾客的场所，绿化装饰要求朴实、大方、充满活力，并能反映单位的明显特征。布置时，通常采用规则式对称布置，选用体形壮观的高大植物配置在门内外两边，周围以中小型花卉植物配置2～3层形成对称整齐的花带、花坛，使人感到亲切明快。

#### 2. 宾馆大堂的绿化装饰

宾馆的大堂是迎接客人的重要场所。对整体景观的要求要有一个热烈、盛情好客的气氛，并带有豪华富丽的气魄感，才会给人留下美满深刻的印象。因此，在植物材料的选择上，应注重珍、奇、高、大，或色彩绚丽，或经过一定艺术加工的、富有寓意的植物盆景。为突出主景，再配以色彩夺目的观叶花卉或鲜花作为配景。

#### 3. 走廊的绿化装饰

此处的景观应带有浪漫色彩，使人漫步于此时生出轻松愉快的感觉。因此，可以多采用具有形态多变的攀缘性或悬垂性植物，此类植物茎枝柔软，斜垂盆外，临风轻荡，具有飞动飘逸之美，情态宛然，使人倍感轻快。

#### 4. 居住环境绿化装饰

首先要根据房间和门厅大小、朝向、采光条件选择植物。一般来说，房间大的客厅，大门厅，可以选择枝叶舒展、姿态潇洒的大型观叶植物，如棕竹、橡皮树、南洋杉、散尾葵等，同时悬吊几盆悬挂植物，使房间显得明快，富有自然气息。大房间和门厅绿化装饰要以大型观叶植物和吊盆为主，在某些特定位置，如桌面、柜顶和花架等处点缀小型盆栽植物；若房间面积较小，则宜选择娇小玲珑、姿态优美的小型观叶植物，如文竹，袖珍椰子等。其次要注意观叶植物的色彩、形态和气质与房间功能相协调。客厅布置应力求典雅古朴，美观大方，因此，要选择庄重幽雅的观叶植物。墙角宜放置苏铁、棕竹等大中型盆栽植物，沙发旁宜选用较大的散尾葵、鱼尾葵等，茶几和桌面上可放1~2盆小型盆栽植物。在较大的客厅，可在墙边和窗户旁悬挂1~2盆绿萝、常春藤。书房要突出宁静、清新、幽雅的气氛，可在写字台放置文竹，书架顶端可放常春藤或绿萝。卧室要突出温馨和谐，宜选择色彩柔和、形态优美的观叶植物作为装饰材料，有利于睡眠和消除疲劳，微香有催眠入睡的功能，因此，植物配置要协调和谐，少而静，多以1~2盆色彩素雅、株型矮小的植物为主。忌色彩艳丽，香味过浓，气氛热烈。

### 5. 办公室的绿化装饰

办公室内的植物布置除具有美化作用外，空气净化作用也很重要。由于计算机等办公设备的增多，辐射增加，所以采用一些对空气净化作用大的植物尤为重要。可选用绿萝、金琥、巴西木、吊兰、荷兰铁、散尾葵、鱼尾葵、马拉巴栗、棕竹等植物。另外，由于空间的限制，也可采用一些垂吊植物增加绿化的层次感。在窗台、墙角及办公桌等处点缀少量花卉。

### 6. 会议室的绿化装饰

布置会议室的绿化装饰时要因室内空间大小而异。中小型会议室多以中央的条桌为主进行布置。桌面上可摆放插花和小型观叶、观花类花卉，数量不能过多，品种不宜过杂。大型会议室常在会议桌上摆放几盆插花或小型盆花，在会议桌前整齐地摆放1~2排盆花，可以是观叶与观花植物间隔布置，也可以是一排观叶、一排观花布置。后排要比前排高，其高矮以不超过主席台会议桌为宜，形成高矮有序、错落有致、观叶、观花相协调的景观。

### 7. 展览室与陈列室绿化装饰

展览室与陈列室常用盆花装饰。如举办书画或摄影展览，一般空地面积较大，但绝对不能摆设盆花群，更不能摆放观赏价值较高，造型奇特或特别引人注目的盆花，否则会喧宾夺主，使画展、影展变成花展，从而分散观众的欣赏目标。布置的目的是协调空间、点缀环境，其数量一般不多，仅于角隅、窗台或空隙处摆放单株观叶盆花即可，如橡皮树、蒲葵、苏铁、棕竹等。

### 8. 各种会场绿化装饰

（1）严肃性的会场。要采用对称均衡的形式布置，显示出庄严和稳定的气氛，选用常绿植物为主调，适当点缀少量色泽鲜艳的盆花，使整个会场布局协调，气氛庄重。

（2）迎、送会场。要装饰得五彩缤纷，气氛热烈。选择比例相同的观叶、观花植物，配以花束、花篮，突出暖色基调，用规则式对称均衡的处理手法布局，形成开朗、明快的场面。

(3)节日庆典会场。选择色、香、形俱全的各种类型植物,以组合式手法布置花带、花丛及雄伟的植物造型等景观,并配以插花、花篮等,使整个会场气氛轻松、愉快、团结、祥和,激发人们热爱生活、努力工作的情感。

(4)悼念会场。应以松柏常青植物为主体,规则式布置手法形成万古长青、庄严肃穆的气氛。与会者心情沉重,整体效果不可过于冷感,以免加剧悲伤情绪,应适当点缀一些白色、蓝色、青色、紫色、黄色及淡红色的花卉,以激发人们化悲痛为力量的情感。

(5)文艺联欢会场。多采用组合式手法布置,以点、线、面相连装饰空间,选用植物可多种多样,内容丰富,布局要高低错落有致。色调艳丽协调,并在不同高度以吊、挂方式装饰空间,形成一个花团锦簇的大花园,使人感到轻松、活泼、亲切、愉快,得到美的享受。

(6)音乐欣赏会场。要求以自然手法布置,选择体形优美,线条柔和、色泽淡雅的观叶、观花植物,进行有节奏的布置,并用有规律的垂吊植物点缀空间,使人置身音乐世界,能聚精会神地领略和谐、动听的乐曲。

### 九、专类园

花卉种类繁多,而且有些花卉又有许多品种,观赏性很高,把一些具有一定特色、栽培历史悠久、品种变种丰富、具有广泛用途和很高观赏价值的花卉,加以收集,集中栽植,布置成各类专类园,如梅园、牡丹园、月季园、鸢尾园、水生花卉专类园、岩石园等。专类园集文化、艺术、景观为一体,是很好的一种花卉应用形式。

#### (一)岩石园

以自然式园林布局,利用园林中的土丘、山石、溪涧等造型变化,点缀以各种岩生花卉,创造出更为接近自然的景色。

岩生花卉的特点是能耐干旱瘠薄,它们大都喜阳光充足、紫外线强而气候冷凉的环境条件。因为岩生花卉都分布在数千米的高山上,把这类花卉拿到园林中的岩石园内栽植时,除海拔较高的地区外,大多数高山岩生花卉难以适应生长,所以,实际上应用的岩生花卉主要是在露地花卉中选取一些低矮、耐干旱瘠薄的多年生花卉,也需要有喜阴湿的植物,如秋海棠类、虎耳草、苦苣苔类、蕨类等。

岩生花卉的应用除结合地貌布置外,也可专门堆叠山石以供栽植岩生花卉;也有利用石块砌筑挡土墙或单独设置的墙面,堆砌的石块留有较大的隙缝,墙心填以园土,把岩生花卉栽于石隙,根系能舒展于土中。另外,在铺砌砖石的台阶、小路和场院和石缝或铺装空缺处适当点缀岩生花卉,也是应用方式之一。

#### (二)水生花卉专类园

我国园林中常用一些水生花卉作为种植材料,与周围的景物配合,扩大空间层次,使环境艺术更加完美动人。水生花卉可以绿化、美化池塘、湖泊等大面积的水域,也可以装点小型水池,并且还有一些适宜于沼泽地或低湿地栽植。在园林中常专设一区,以水生花卉和经济植物为材料，布置成以突出各种水景为主的水景园或沼泽园。

栽种各种水生花卉使园林景色更加丰富、生动；同时，还可起到净化水质，保持水面洁净，抑制有害藻类生长的作用。

在栽植水生花卉时，应根据水深、流速及景观的需要，分别采用不同的水生植物来美化。如沼泽地和低湿地常栽植千屈菜、香蒲等；静水的水池宜栽种睡莲、王莲；水深1 m左右，水流缓慢的地方可栽植荷花；水深超过1 m的湖塘多栽植萍蓬草、凤眼莲等。

## 十、花卉租摆

随着人们物质和文化水平的不断提高，绿化、美化环境的意识也在逐渐加强，花卉租摆作为一种新的行业也逐渐兴起。

### (一)花卉租摆的内涵

花卉租摆是指以租赁的方式，通过摆放、养护、调换等过程来保证客户的工作生活环境、公共场所等始终摆放着常看常青、常看常新的花卉植物的一种经营方式。花卉租摆不仅省去了企事业单位和个人养护花卉的麻烦，而且专业化的集约经营为企事业单位和个人提供了以低廉的价格便可摆放高档花卉的可能，符合现代人崇尚典雅、崇尚自然的理念。花卉租摆服务业必然随着我国社会经济的飞速发展，随着人们对花卉植物千年不变的情结而蓬勃发展，走进千家万户，走进每个角落。

### (二)花卉租摆的具体操作方法及要求

**1. 花卉租摆的条件**

(1)从事花卉租摆行业必须有一个花卉养护基地，有足够数量的花卉品种作为保证。一般委托花卉租摆的单位，如商场、银行、宾馆、饭店、写字楼、家庭等的花卉摆放环境与植物生长的自然环境是不同的，大多数摆放环境光照较弱，通风不畅，昼夜温差小，尤其是夏季有空调，冬季有暖气时，室内湿度小，给植物的自然生长造成不利影响，容易使其产生病态，甚至枯萎死亡。花卉摆放一段时间后可更换下来送回到养护基地，精心养护，使之恢复到健康美观的状态。更换时间一般根据花卉品种及摆放环境的不同而不同。

(2)过硬的养护管理技术，并掌握花卉的生长习性，对花卉病虫害要有正确的判断，以便随时解决花卉租摆过程中出现的问题。

**2. 花卉租摆的操作过程**

(1)签订协议。花卉租摆双方应签订一份合同协议书，其中的内容应对双方所承担的责任和任务加以明确。

(2)摆设计。摆设计包括针对客户个性进行花卉材料设计、花卉摆放方式设计和对特殊环境要求下的花卉设计。摆设计视具体情况而定，如有的大型租摆项目还要制作效果图使设计方案直观易懂。

(3)材料准备。选择株型美观、色泽佳、健壮的花卉材料及合适的花盆容器；修剪黄叶，擦拭叶片，使花卉整体保持洁净；节假日及庆典等时期为烘托气氛还可对花盆进行装饰。

（4）包装运输。对花卉进行必要的包装、装车并将其运送到指定地点。

（5）现场摆放。按设计要求将花卉摆放到位，以呈现花卉最佳观赏效果。

（6）日常养护。包括浇水、保持叶面清洁、修剪黄叶、定期施肥、预防病虫害发生。

（7）定期检查。检查花卉的观赏状态、生长情况，并对养护人员的养护服务水平进行监督考核。

（8）更换植物。按照花卉生长状况进行定期更换及按照合同条款定期更换。

（9）信息反馈。租摆公司负责人与租摆单位及时沟通，对租摆花卉的绿化效果进行调查并改善；对换回的花卉精心养护使其恢复健壮。

### 3. 花卉租摆材料选择

在进行花卉租摆时，所用花卉与环境的协调程度直接影响到花卉的美化作用。从事花卉租摆要充分考虑到花卉的生理特性及观赏性，根据不同的环境选择合适的花卉进行布置，同时要加强管理，保证租摆效果。租摆材料的选择是关键。选择的材料好，不仅布置效果好，而且可以延长更换周期，降低劳动强度和运输次数，从而降低成本。在具体选择花卉时，主要是根据花卉植物的耐阴性和观赏性及租摆空间的环境条件来选择。

首先，要考虑花卉植物的耐阴性。除节日及重大活动在室外布置外，一般要求长期租摆的客户都是室内租摆，因此，选择耐阴性的花卉显得尤为重要，如万年青、竹芋、苏铁、棕竹、八角金盘、一叶兰、龟背竹、君子兰、肾蕨、散尾葵、发财树、红宝石、绿巨人、针葵等。

其次，要考虑花卉植物的观赏性。室内租摆以观叶植物为主，它们的叶形、叶色、叶质各具不同观赏效果。叶的形状、大小千变万化，形成各种艺术效果，具有不同的观赏特性。棕榈、蒲葵属掌状叶形，使人产生朴素之感；椰子类叶大，羽状叶给人以轻快洒脱的联想，具有热带情调。叶片质地不同，观赏效果也不同，如榕树、橡皮树具革质的叶片，叶色浓绿，有较强反光能力，有光影闪烁的效果。纸质、膜质叶片则呈半透明状，给人以恬静之感。粗糙多毛的叶片则富野趣。叶色的变化同样丰富多彩，美不胜收，有绿叶、红叶、斑叶、双色叶等。总之，只有真正了解花卉的观赏性，才能灵活运用。

另外，在进行花卉摆放前要对现场进行全面调查，对租摆空间的环境条件大致了解，设计人员应先设计出一个摆放方案，不仅要使花卉的生活习性与环境相适应，还要使所选择花卉植株的大小、形态及花卉寓意与摆放的场合和谐，给人以愉悦之感。

### 4. 花卉的租摆管理

（1）起运花卉时的管理。在养护基地起运花卉植物时，应选择无病虫害、生长健壮、旺盛的植株，用湿布抹去叶面灰尘使其光洁，剪去枯叶、黄叶。一般用泥盆栽培的花卉都要有套盆，用以遮蔽原来植株容器的不雅部分，达到更佳的观赏效果。

（2）在摆放过程中的管理。在摆放过程中的管理包括水的管理和清洁管理。水的管理很重要，花卉植物不能及时补充水分很容易出现蔫叶、黄叶现象，尤其是在冬、夏季有空调设备的空间，由于有暖风或冷风，使植物叶面的蒸发量变大，容易失水，管理人员要根据植物种类和摆放位置来决定浇水的时间、次数及浇水量，必要时往叶面上喷水，保持一定的湿度。用水时，对水质也要多加注意。管理人员应经常用湿布轻抹叶面灰尘使其清洁。另外，还应经常观察植株，及时剪除黄叶、枯叶，对明显呈病态有碍观赏效果的植株及时撤回基地养护。由于喷药、施肥容易产生异味，对环境造成污染，所以一般植物在摆放期间不喷药、施肥，可根据植株需要在养护基地进行处理。

（3）换回植株的养护管理。植株换回后要精心养护，使其能够早日恢复健壮。先剪掉枯叶、黄叶，再松土施肥，然后保护性地喷 1 次杀菌灭虫药剂，最后进行正常管理。

## 知识拓展

### 1. 花坛设计

在环境中可作为主景，也可作为配景。形式与色彩的多样性决定了花坛在设计上也有广泛的选择性。花坛的设计首先风格、体量、形状等方面应与周围环境协调，其次才是花坛自身的特点。花坛的体量、大小应与花坛设计处的广场，出入口及周围建筑的高低成比例，一般应是广场面积的 1/3～1/5。花坛的外部轮廓应与建筑物边线、相邻的路边和广场的形状协调一致；色彩应与环境有所差别，既起到醒目和装饰作用，又与环境协调，融于环境之中，形成整体美。

### 2. 花境设计

（1）种植床设计。种植床是带状、直线或曲线的。大小选择取决于环境空间的大小，一般长轴不限，较大的可以分段（以每段小于 20 m 为宜），短轴有一定要求，视实际情况而定。种植床有 2‰～4‰ 的排水坡度。

（2）背景设计。单面观花境需要背景，依设置场所不同而异，较理想的是绿色的树篱或主篱，也可以墙基或栅栏为背景。背景与花境之间可以留出一定的距离，也可以不留。

（3）边缘设计。高床边缘可用自然的石块、砖块、碎瓦、木条等垒砌，平床多用低矮植物镶边，以 15～20 cm 为宜。若花境前为园路，边缘用草坪带镶边，宽度大于 30 cm。

（4）种植设计。

①植物选择全面了解植物的生态习性，综合考虑植物的株形、株高、花期、花色、质地等主要观赏特点。应注意以在当地能露地越冬，不需特殊养护且有较长的花期和较高的观赏价值的宿根花卉为主。

②色彩设计上应巧妙地利用花色来创造空间或景观效果。基本的配色方法有类似色：强调季节的色彩特征；补色：多用于局部配色；多色：具有鲜艳热烈的气氛。色彩设计应注意与环境、季节相协调。

③立面设计要有较好的立面观赏效果，充分体现群落的美，要求植株高低错落有致，花色层次分明。充分利用植物的株形、株高、花序及质地等观赏特性，创造出丰富美观的立面景观。

④平面种植采用自然块状混植方式，每块为一组花丛，各花丛大小有变化，将主花材植物分为数丛种在花境中的不同位置。

## 任务实施

通过花卉在园林绿地中的应用学习，以小组为单位对现有园林绿地中花卉的应用进行调查与分析。

(1)在周边园林绿地如主要街道、广场、公园等进行调查，可选定一个节日(如国庆、元旦、五一等)集中开展。

(2)选取2~3个较好的花卉应用形式(花坛、花境、花丛、花篱及花柱等)进行实测与评价，分析构图样式、花卉材料组成、色彩的应用等，绘制花卉应用平面效果布置图。

## 课后练习

1. 露地花卉有哪几种应用形式？它们各有什么特点？
2. 盆花的应用形式有哪些？

## 任务二  花卉的经营与管理

### 任务导入

请通过本任务的学习,完成一个花店经营的可行性研究报告。

### 知识准备

#### 一、花卉的产业结构

##### (一)切花

切花要求生产栽培技术较高。我国切花的生产相对集中在经济较发达的地区,在生产成本较低的地区也有生产。

##### (二)盆花与盆景

盆花包括家庭用花、室内观叶植物、多浆植物、兰科花卉等。其是我国目前生产量最大、应用范围最广的花卉,也是目前花卉产品的主要形式。

盆景也广泛受到人们的喜爱,加上我国盆景出口量逐渐增加,可在出口方便的地区布置生产。

##### (三)草花

草花包括一二年生花卉和多年生宿根、球根花卉。应根据市场的具体需求组织生产,一般来说,经济越发达,城市绿化水平越高,对此类花卉的需求量也就越大。

##### (四)种球

种球生产是以培养高质量的球根类花卉的地下营养器官为目的的生产方式,是培育优良切花和球根花卉的前提条件。

##### (五)种苗

种苗生产是专门为花卉生产公司提供优质种苗的生产形式。所生产的种苗要求是质量高,规格齐备,品种纯正,是形成花卉产业的重要组成部分。

##### (六)种子生产

花卉种子公司从事花卉种子的制种、销售和推广工作,还肩负着良种繁育、防止品种退化的重任。

## 二、花卉经营的特点与方式

### (一)花卉经营的专业性

花卉经营必须要有专业机构来组织实施,这是由花卉生产、流通的特点所决定的。花卉经营的专业性还表现在作为花卉生产的部门,每一公司或企业仅对一两种重点花卉进行生产,这样能使各生产单位形成自己的特色,进而形成产业优势。

### (二)花卉经营的集约性

花卉经营是在一定的空间内最高效地利用人力、物力的生产方式。它要求技术水平高,生产设备齐全,在一定范围内扩大生产规模,进而降低生产成本,提高花卉的市场竞争力。

### (三)花卉经营的高技术性

花卉经营是以经营有生命的新鲜产品为主题的事业,而这些产品从生产到售出的各个环节中,都要求相应的技术,如花卉采收、分级、包装、储运等各个环节,都必须严格按照技术规程办事。因此,花卉经营必须有一套完备的技术作后盾。

### (四)花卉的经营方式

(1)专业经营。专业经营是指在一定的范围内,形成规模化,以一两种花卉为主集中生产,并按照市场的需要进入专业流通的领域。这种方式的特点是便于形成高技术产品,形成规模效益,提高市场竞争力,是经营的主题。

(2)分散经营。分散经营是指以农户或小集体为单位的花卉生产,并按自身特点进入相应的流通渠道。这种方式比较灵活,是地区性生产的一种补充。

## 三、花卉产品营销渠道

花卉产品的营销是花卉生产发展的关键环节。产品的主要营销渠道是花卉市场和花店,进行花卉的批发和零售。

### (一)花卉市场

花卉市场的建立,可以促进花卉生产和经营活动的发展,促使花卉生产逐步形成产、供、销一条龙的生产经营网络。目前,国内的花卉市场建设已有较好的基础。遍布城镇的花店、前店后场式区域性市场、具有一定规模和档次的批发市场承担了80%的交易量。我国在北京建成了国内第一家大型花卉拍卖市场——北京莱太花卉交易中心后,又在云南建成了云南国际花卉拍卖中心,该市场以荷兰阿斯米尔鲜切花拍卖市场为蓝本进行运作,并通过这种先进的花卉营销模式推动整个花卉产业的发展,促进云南花卉尽快与国际接轨,力争发展成为中国乃至亚洲最大的花卉交易中心。

花卉拍卖市场是花卉交易市场的发展方向，它可实现生产与贸易的分工，可减少中间环节，有利于公平竞争，使生产者和经营者的利益得到保障。

## (二) 花店经营

花店属于花卉的零售市场，是直接将花卉卖给消费者。花店经营者应根据市场动态因地制宜地运用营销策略，紧跟时代潮流选择花色品种，想顾客所想，将生意做好、做活。

### 1. 花店经营的可行性

开设花店前，应对花店经营与发展情况做好市场调查分析，作出可行性报告。报告的数据主要包括所在地区的人口数量、年龄结构，同类相关的花店，交通情况，本地花卉的产量与销量，外地花卉进入本地的渠道及费用等。可行性报告就解决的问题有花卉如何促销，花卉市场如何开拓，向主要用花单位如何取得供应权，训练花店售货员和扩展连锁店等；同时，还应根据市场调查分析确定花店的经营形式、花店的规模、花店的外观设计等。

### 2. 花店经营形式

花店经营形式可分为一般水平的和高档的，有零售或批零兼营的，零售兼花艺服务等。经营者应根据市场情况、服务对象及自身技术水平确定适当的经营形式。

### 3. 花店经营规模

花店经营规模应根据市场消费量和本地自产花卉量确定，如花木公司可在城市郊区，建立大型花圃，作为花卉的生产基地，主要生产各种盆花、各式盆景和鲜切花，在市中心设立中心花店，进行花卉的批发和零售业务。个人开设花店可根据花店所处的位置和环境，确定适当的规模和经营范围，切不可盲目经营。

### 4. 花店门面装饰

花店门面装饰要符合花卉生长发育规律，最好将花店建得如同现代化温室，上有透明的天棚和能启闭自如的遮阳系统，四旁为落地明窗，中央及四周为梯级花架。出售的花卉明码标价，顾客开架选购，出口设花卉结算付款处。为保持鲜花新鲜度，盆花除要定期浇水、喷水外，还应设立喷雾系统，以保持一定的空气湿度，并通风良好，冬有保温设施，夏有降温设备，四季如春，终年鲜花盛开，花香扑鼻，使顾客在花香花色的诱惑下，难以空手而归。

### 5. 花店的经营项目

花店常见的经营项目：鲜花（盆花）的零售与批发；花卉材料的零售与批发，如培养土、花肥、花药、缎带、包装纸、礼品盒等的零售服务；花艺设计与外送各种礼品花的服务；室内花卉装饰及养护管理；花卉租摆业务，婚丧喜事的会场，环境布置；花艺培训，花艺期刊、书籍的发售，花卉咨询及其他业务等。

另外，还有多种营销花卉的渠道，如在超级市场设立鲜花柜台、在饭店内设柜台、集贸市场摆摊设点、电话送花上门服务、鲜花礼仪电报发送等。

### 四、花卉的分级包装

花卉的分级包装是花卉产业储、运、销的重要环节之一。花卉分级包装的好坏直接影响花卉的品质和交易价格。分级包装工作做得好，很容易激发消费者的购买欲望，提高消费者的购买信心，促进产品市场销售。

#### (一) 盆花

##### 1. 分级和定价

出售的盆花应根据运输路途的远近、运输工具的速度和气候条件等情况，来选择花朵适度开放的盆花准备出售，然后按照品种、株龄和生长情况，结合市场行情定价。

观花类盆花主要分级依据是株龄的大小、花蕾的大小和着花的多少；观叶盆花大多按照主干或株丛的直径、高度、冠幅的大小、株形及植株的丰满程度来分级，而苏铁及棕榈状乔木树种，则常按老桩的质量及叶片的数目来分级；观果类花卉主要根据每盆植株上挂果的数量确定出售价格。出售或推广优良品种时，价格可提高一些。

##### 2. 包装

盆花在出售时大多数不需要严格的包装。大型木本或草本盆花在外运时需将枝叶拢起后绑扎，以免在运输途中折断或损伤叶片。幼嫩的草本盆花在运输中容易将花朵碰损或震落，所以，有的需要用软纸将它们包裹起来，有的则需要设立支柱绑扎，以减少运输途中晃动。

使用汽车运输时，在车厢内应铺垫碎草或砂土，否则容易把花盆颠碎。用火车作长途运输时，必须将盆花装入竹筐或木框，盆间的空隙用毛纸或草填衬好，对于一些怕相互挤压的盆花，还要用铅丝把花盆和筐、框加以连接固定，否则火车站不给办理托运手续。

瓜叶菊、蒲包花、四季海棠、紫罗兰、樱草等小型盆花，在大量外运时为了减少体积和减轻质量，大多脱盆外运，并且用厚纸逐棵包裹，然后依次横放在大框或网篮内，共可摆放3~5层。各类桩景或盆花则应装入牢固的透孔木箱内，每箱1~3盆，周围用纸毛垫好并用铅丝固定，还应在盆土表面覆盖青苔，用来保湿。

包装外的标签必须易于识别，要写清楚必要的信息，如生产者、包装场、生产企业的名称、种类、品种或花色等。若为混装，标记必须写清楚。

#### (二) 切花

##### 1. 分级

切花的分级通常是以肉眼评估，主要基于总的外观，如切花形态、色泽、新鲜度和健康状况，其他品质测定包括物理测定和化学测定，如花茎长度、花朵直径、每朵花序中小花数量和质量等。在田间剪取花枝时，应同时按照大小和优劣把它们分开，区分花色品种，并按一定的记数单位将它们放好，以减少费用和损失。

肉眼的精确判断需要一个严格制定并被广泛接受的质量标准。现国际上广泛使用的是欧洲经济委员会(ECE)标准和美国标准,见表 5-3。某一特定花种的分级标准除上述要求外,还包括一些对该种花的特殊要求,如对香石竹,要注意其茎的刚性和花萼开裂问题。对于月季花,最低要求是切割口不要在上个生长季茎的生长起点上。

美国标准分级术语不同于 ECE 标准,采用"美国蓝、红、绿、黄"称谓,大体上相当于 ECE 的特级、一级和二级分类。我国农业部于 1997 年对月季花、唐菖蒲、菊花、满天星、香石竹等切花的质量分级、检测规则、包装、标志、运输和储藏技术等都做出了行业标准。

表 5-3　一般外观的 ECE 切花分级标准

| 等级 | 对切花的要求 |
| --- | --- |
| 特级 | 切花具有最佳品质,无外来物质,发育适当,花茎粗壮而坚硬,具备该种或品种的所有特性,允许切花的 3% 有轻微的缺陷 |
| 一级 | 切花具有良好品质,花茎坚硬,其余要求同上,允许切花的 5% 有轻微缺陷 |
| 二级 | 在特级和一级中未被接受,但满足最低质量要求,允许切花的 10% 有轻微缺陷 |

**2. 切花的包装**

出场的切花要按品种、等级和一定的数量捆扎成束,捆扎时既不要使花束松动,也不宜太紧将花朵挤伤。每捆的记数单位因切花的种类和各地的习惯而不同,通常根据切花大小或消费者的要求以 10 支、12 支、15 支或更多支捆扎成束。总之,凡是花形大、比较名贵和容易碰损的切花,每束的支数要少;反之,每束的支数可以多一些。

大多数切花包装在用聚乙烯膜或抗湿纸衬里的双层纤维板箱或纸箱中,以保持箱内的湿度。包装时应小心地将用耐湿纸或塑料套包裹的花束分层交替、水平放置于箱内,各层间要放置衬垫,以防止压伤切花,直至放满。对向地性弯曲敏感的切花,如水仙花、唐菖蒲、小苍兰、金鱼草等,应以垂直状态贮运。

### 五、花卉生产管理

#### (一)花卉生产计划的制定

花卉生产计划是花卉生产企业经营计划中的重要组成部分,通常是对花卉企业在计划期内的生产任务做出统筹安排,规定计划期内生产的花卉品种、质量及数量等指标,是花卉日常管理工作的依据。生产计划是根据花卉生产的性质,花卉生产企业的发展规划,生产需求和市场供求状况来制定的。

制定花卉生产计划的任务就是充分利用花卉生产企业的生产能力和生产资源,保证各类花卉在适宜的环境条件下生长发育,进行花卉的周年供应,保质、保量、按时提供花卉产品,并按期限完成订货合同,满足市场需求,尽可能地提高生产企业的经济效益,增加利润。

花卉生产计划通常分为年度计划、季度计划和月份计划,对花卉每月、季、年的生产做好安排，并做好跨年度花卉继续生产。生产计划的内容包括花卉的种植计划、技术措施计划、用工计划、生产用物资供应计划及产品销售计划等。其具体内容为种植花卉的种类与品种、数量、规格、供应时间、工人工资、生产所需材料、种苗、肥料农药、维修及产品收入和利润等。季度和月份计划是保证年度计划实施的基础。在生产计划实施过程中，要经常督促和检查计划的执行情况，以保证生产计划的落实完成。

花卉生产是以获利为目的的，生产者要根据每年的销售情况、市场变化、生产设施等，及时对生产计划做出相应的调整，以适应市场经济的发展变化。

### (二)花卉生产技术的管理

花卉生产技术管理是指花卉生产中对各项技术活动过程和技术工作的各种要素进行科学管理的总称。技术工作的各种要求包括技术人才、技术装备、技术信息、技术文件、技术资料、技术档案、技术标准规程、技术责任制等技术管理的基础工作。技术管理是管理工作中重要的组成部分。加强技术管理，有利于建立良好的生产秩序，提高技术水平，提高产品质量，降低产品成本等，尤其是现代大规模的工厂化花卉生产对技术的组织、运用工作要求更为严格，技术管理就越显得重要。但技术管理主要是对技术工作的管理，而不是技术本身。企业生产效果的好坏取决于技术水平，但在相同的技术水平条件下，如何发挥技术，则取决于对技术工作的科学组织及管理。

花卉技术管理的特点如下。

**1. 多样性**

花卉种类繁多，各类花卉有其不同的生产技术要求，业务涉及面广，如花卉的繁殖、生长、开花、花后的储藏、销售、花卉应用及养护管理等。形式多样的业务管理，必然带来不同的技术和要求，以适应花卉生产的需要。

**2. 综合性**

花卉的生产与应用，涉及众多学科领域，如植物与植物生理、植物遗传育种、土壤肥料、农业气象、植物保护、规划设计等。因此，花卉技术管理具有综合性。

**3. 季节性**

花卉的繁殖、栽培、养护等均有较强的季节性。季节不同，采用的各项技术措施也相应不同，同时，还受自然因素和环境条件等多方面的制约。为此，各项技术措施要相互结合，才能发挥花卉生产的效益。

**4. 阶段性与连续性**

花卉有其不同的生长发育阶段，不同的生长发育阶段要求不同的技术措施，例如，育苗期要求苗全、苗壮及成苗率；栽植期要求成活率；养护管理则要求保存率和发挥花卉功能。各阶段均具有各自的质量标准和技术要求，但在整个生长发育过程中，各阶段不同的技术措施又不能截然分开，每个阶段的技术直接影响下一阶段的生长，而下一阶段的生长又是上一阶段技术的延续，每个阶段都密切相关，具有时间上的连续性，缺一不可。

### (三)花卉技术管理的内容

**1. 建立健全技术管理体系**

建立健全技术管理体系的目的是加强技术管理，提高技术管理水平，充分发挥科学技术优势。大型花卉生产企业(公司)可设以总工程师为首的三级技术管理体系，即公司设总工程师和技术部(处)，部(处)设主任工程师和技术科，技术科内设各类技术人员。小型花卉企业可不设专门机构，但要设专人负责，负责企业内部的技术管理工作。

**2. 建立健全技术管理制度**

(1)技术责任制。为充分发挥各级技术人员的积极性和创造性，应赋予他们一定职权和责任，以便很好地完成各自分管范围内的技术任务。技术责任制一般可分为技术领导责任制、技术管理机构责任制、技术管理人员责任制和技术员技术责任制。

①技术领导的主要职责：执行国家技术政策、技术标准和技术管理制度；组织制定保证生产质量、安全的技术措施，领导组织技术革新和科研工作；组织和领导技术培训等工作；领导组织编制技术措施计划等。

②技术管理机构的主要职责：做好经常性的技术业务工作，检查技术人员贯彻技术政策、技术标准、规程的情况；管理科研计划及科研工作；管理技术资料，收集整理技术信息等。

③技术人员的主要职责：按技术要求完成下达的各项生产任务，负责生产过程中的技术工作，按技术标准规程组织生产，具体处理生产技术中出现的问题，积累生产实际中原始的技术资料等。

(2)制定技术规范及技术规程。技术规范是对生产质量、规格及检验方法作出的技术规定，是人们在生产中从事生产活动的统一技术准则。技术规程是为了贯彻技术规范对生产技术各方面所做的技术规定。技术规范是技术要求，技术规程是要达到的手段。技术规范及规程是进行技术管理的依据和基础，是保证生产秩序、产品质量、提高生产效益的重要前提。

技术规范可分为国家标准、部门标准及企业标准。而技术规程是在保证达到国家技术标准的前提下，可以由各地区、部门企业根据自身的实际情况和具体条件，自行制定和执行。

## 六、生产成本核算

花卉种类繁多，生产形式多样，其生产成本核算也不尽相同，通常在花卉成本核算中分为单株、单盆和大面积种植成本核算。

### (一)单株、单盆种植成本核算

单株、单盆种植成本核算，采用的方法是单件成本法，其核算过程是根据单件产品设置成本计算单，即将单株、单盆的花卉生产所消耗的一切费用，全都归集到该项产品成本计算单上。单株、单盆花卉成本费用一般包括种子购买价值，培育管理中耗用的设备价值及肥料、农药、栽培容器的价值,栽培管理中支付的工人工资,以及其他管理费用等。

### (二)大面积种植成本核算

进行大面积种植花卉的成本核算,首先要明确成本核算的对象。成本核算对象就是承担成本费用的产品,其次是对产品生产过程耗费的各种费用进行认真的分类。其费用按生产费用要素可分为以下几项:

(1)原材料费用:包括购入种苗的费用,在生长期间所施用的肥料和农药等。

(2)燃料动力费用:包括花卉生产中进行的机械作业、排灌作业、遮阳、降温、加温供热所耗用的燃料费、燃油费和电费等。

(3)生产及管理人员的工资及附加费用。

(4)折旧费:在生产过程中使用的各种机具及生产设备按一定折旧率提取的折旧费用。

(5)废品损失费用:在生产过程中,未达到产量质量要求的,应由成品花卉负担的费用。

(6)其他费用:管理中耗费的其他支出,如差旅费、技术资料费、邮电通信费、利息支出等。

花卉在生产管理中,可制成花卉成本项目表,科学地组织好费用汇集和费用分摊,以及总成本与单位成本的计算,还可通过成本项目表分析产品成本的构成,寻求降低花卉成本的途径等。

## 知识拓展

### 鲜切花保鲜

#### 一、鲜切花的概念

鲜切花是指自活体植株上剪切下供插花及花艺设计用的枝、叶、花、果的统称,其内可包括鲜切花、切叶、切枝和切果等。世界五大鲜切花为康乃馨、玫瑰、百合花、非洲菊、唐菖蒲。

#### 二、切花保鲜

##### (一)切花保鲜

切花保鲜就是用各种方法使切花能尽可能长时间地保持观赏价值。影响切花保鲜期长短的三大因素如下。

**1. 水分平衡**

影响鲜切花水分平衡的主要原因为导管堵塞。

(1)水中微生物如细菌和真菌繁殖增多,阻塞导管。
(2)切口处易发生氧化而生成流胶、酚类化合物或果胶一类沉淀物,堵塞导管。
(3)空气从切口进入导管内形成"气栓"而阻碍水分传导,切花虽然离开了母体,但叶子和花瓣仍有蒸腾作用,还具有活性。散失大量水分,切花就会出现水分失衡现象,加速衰老,失去观赏价值。

### 2. 能量平衡

影响鲜切花能量平衡的主要原因为缺少能量补充。
(1)切花维持正常的生理代谢活动需要能量。
(2)切花花蕾开放,要消耗大量能量,所以需要补充能源,即大量的碳水化合物以维持它的生命活动。

### 3. 激素平衡

影响鲜切花激素平衡的主要原因为切花自身代谢活动和环境中其他因素。
(1)生长素有促进细胞伸长、增大、组织分化的作用。
(2)细胞分裂素可促进细胞分裂、推迟衰老过程;赤霉素可促进开花。
(3)乙烯抑制细胞的伸长,引起叶子脱落,促使植物成熟和老化。当花枝切下后,就中断了这些激素的供应,又因破伤而增加了乙烯的产生,引起激素水平不平衡,易促使切花衰老。因此,必须增加其他激素抑制乙烯的作用。

## (二)花卉零售商的处理技术

### 1. 再硬化处理

零售商收到切花后,应立即打开包装(挑选未受伤的切花放入5～10℃的冷室12～24 h),把切花放在架子上,及时去除茎下部叶片,花茎末端斜剪2～3 cm(最好在水中进行)立即转入水中或保鲜液中。

### 2. 保鲜剂处理

最好使用商业性的保鲜瓶插液,花茎插入深度不超过5～7 cm,因为某些保鲜剂会引起花茎褐化。无须每天更换保鲜液,只有当溶液浑浊时更换。

### 3. 环境因数的控制

(1)温度。适宜放在4～5℃的冷室中。
(2)湿度。最好在90%左右,可以安装加湿器。
(3)光照。散射光延长寿命,最好使用能产生大量红光的日光灯照明。
(4)气体。储藏室适当换气,避免乙烯含量过高。

## 🧰 任务实施

通过以上知识点的学习,请选定主题,如国庆、中秋、元旦、春节、五一等,完成节日花坛设计。绘制花坛平面设计布局图,花材自选,说明定植方式、株行距、用花量及养护管理措施。花坛平面样式如图 5-1 所示。

图 5-1　花坛平面样式

## 课后练习

1. 花卉的产业结构包括哪几部分？花卉经营的特点有哪些？
2. 花卉产品的营销渠道有哪些？应怎样做好花店经营的可行性研究报告？
3. 花卉包装有什么意义？应怎样做好切花的分级包装工作？

# 项目六　花卉病虫害防治技术

## 学习目标

**知识目标**

1. 了解昆虫的基本特征及影响昆虫生长发育的因素；
2. 了解常见花卉病害的危害特征；
3. 掌握常见花卉植物虫害防治方法；
4. 了解病状和病症的区别；
5. 掌握常见花卉植物病害防治方法。

**能力目标**

1. 能够准确说出昆虫的识别特征；
2. 能够利用环境因子对昆虫的影响初步预测昆虫的发生情况；
3. 能够识别常见花卉害虫并制定相应的防控方案；
4. 能够植物病状和病征；
5. 能够识别常见花卉病害并能制定有效的综合防控方案。

**素养目标**

1. 在害虫知识的学习中培养认真、严谨的工作态度；
2. 在害虫防治运用中树立绿色防控的理念。

## 任务一　花卉常见虫害识别及防治

### 任务导入

请通过本任务的学习，列举出 5 种生活中花卉常见虫害，了解其形态特征、生活习性、繁殖方式并制定防治措施。

### 知识准备

#### 一、花卉虫害基本知识

**(一) 昆虫的结构**

昆虫成虫的体躯可分为头部、胸部、腹部三个体段。头部有口器、1 对触角、1 对复眼、通常有 1~3 个单眼；胸部由 3 个体节组成，有 3 对胸足，一般有 2 对翅；腹部多由 9~11 个体节组成，末端具有外生殖器，有的还有 1 对尾须；身体的外层是 1 层坚韧的"外骨骼"。

**1. 昆虫的头部**

昆虫的头部是一个坚硬的半球形头壳，表面有许多勾缝，将头壳分成许多小区。头壳的上面称为头顶，后面称为后头，前面称为额，两侧称为颊，额的下面是唇基。头部是昆虫的第一个体段，头部通常着生有 1 对触角、1 对复眼、1~3 个单眼和 1 个口器。口器是昆虫感觉和取食的中心。蝗虫头部结构如图 6-1 所示。

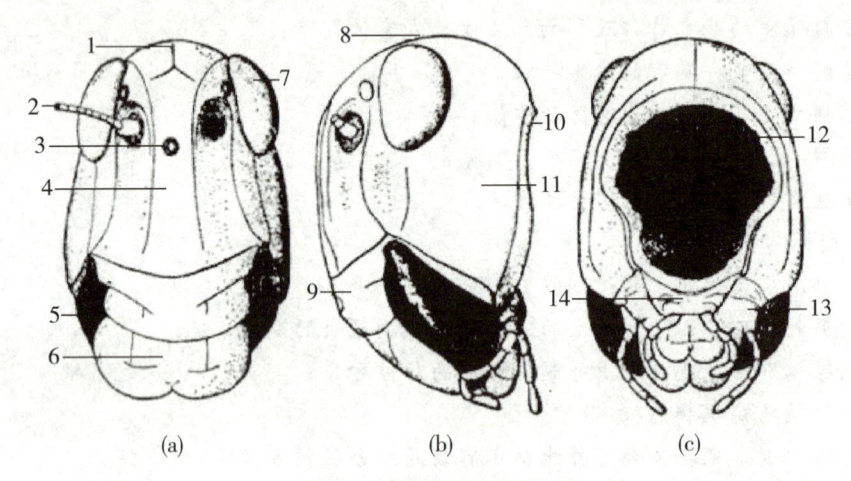

**图 6-1 蝗虫头部结构**
(a)正面观；(b)侧面观；(c)后面观

1—脱裂线；2—触角；3—单眼；4—额；5—上颚；6—上唇；7—复眼；8—头顶；
9—唇基；10—后头；11—颊；12—后头孔；13—下颚；14—下唇

**2. 胸部的基本结构**

昆虫的胸部由三节组成，依次称为前胸、中胸和后胸。每个胸节下方各着生一对胸足(前足、中足、后足)，中胸和后胸背面两侧各有一对翅(前翅、后翅)。足和翅是昆虫的主要运动器官，所以，胸部是昆虫的运动中心。

胸部的每个胸节都是由 4 块骨板构成，即背面的称为背板，左、右两侧的称为侧板，腹面的称为腹板。

**3. 腹部的基本结构**

腹部是昆虫体躯的第三体段，前端紧接胸部，近末端有肛门和外生殖器，腹部内有大部分内脏器官。腹部是昆虫内脏活动和生殖的中心，一般由 9~11 腹节组成，第 1~8 腹节的两侧常有一对气门。每一腹节上有背板、腹板和两侧膜质的侧膜，节与节之间有节间膜相连(图 6-2)。

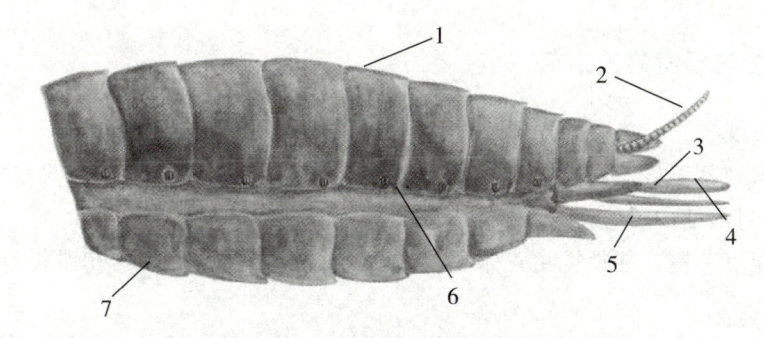

图 6-2 昆虫腹部的基本构造

1—背板；2—尾须；3—内产卵瓣；4—背产卵瓣；5—腹产卵瓣；6—气门；7—腹板

## (二)昆虫的习性

### 1. 食性

(1)植食性：以植物为食料，包括绝大多数农、林害虫和少部分益虫，如家蚕、蚜虫。

(2)肉食性：主要以动物为食料，绝大多数是益虫，如瓢虫、螳螂。

(3)粪食性：专门以动物的粪便为食，如蜣螂。

(4)腐食性：以死亡的动植物组织及其腐败物质为食，如埋葬甲。

(5)杂食性：既吃植物性食物，又吃动物性食物，如胡蜂。

了解昆虫的食性及其食性专化性，可以利用轮作倒茬，合理的作物布局，中耕除草等农业措施防治害虫，同时，对害虫天敌的选择与利用有实际价值。

### 2. 趋性

趋性是昆虫接受外界环境刺激的一种反应。其中，趋向刺激称为正趋性；避开刺激称为负趋性。按照外界刺激的性质，趋性可分为趋光性、趋化性。很多昆虫对光波的长短、强弱的反应不同，一般趋向短波光，这就是黑光灯诱集昆虫的依据。根据害虫对于化学物质的趋或避的反应，而有诱杀剂、诱集剂及拒避剂的应用。

### 3. 假死性

有些昆虫受到突然的接触或振动时，全身表现一种反射性的抑制状态，身体蜷曲，或从植株上坠落地面，一动不动，片刻后才爬行或飞起，这种现象称为假死性。对于具有假死性的害虫，可以用骤然振落的方法加以捕杀，如金龟子。

### 4. 群集性

群集性是指同种昆虫的个体高密度地聚集在一起的习性。群集有临时群集和永久群集之分。例如，瓢虫越冬、榆蓝叶甲越夏属于临时群集，竹蝗属于永久群集。

### 5. 迁飞性

不少农业害虫在成虫羽化到翅骨变硬的羽化初期，成群从一个发生地长距离迁飞到另一个发生地的特性称为迁飞性，如黏虫。

### (三)昆虫与环境的关系

#### 1. 气象因素

气象因素包括温度、湿度、风、光、雨等。其中温度、湿度对昆虫的作用最为突出。

(1)昆虫对温度的反应。

①有效温度范围:能使昆虫正常生长发育与繁殖的温度范围,在温带地区,通常为 8~40 ℃。

②发育起点:在有效温度的下限是昆虫开始生长发育的起点,称为发育起点,一般为 8~15 ℃。

③临界高温区:在有效温度的上限,称为临界高温,一般为 35~45 ℃。

④停育低温区:在发育起点以下,使昆虫生长发育停止的一段低温区,一般为 8~−10 ℃。

⑤致死低温区:停育低温区以下,因低温昆虫立即死亡,称为致死低温区,一般为 −10~−40 ℃。

⑥致死高温区:停育高温区以上,昆虫因温度过高而立即死亡,称为致死高温区,通常为 45~60 ℃。

(2)湿度和降水对昆虫的影响。昆虫对湿度的要求依种类、发育阶段和生活方式不同而有差异。最适范围一般为相对湿度 70%~90%,湿度过高或过低都会延缓昆虫的发育,甚至造成死亡。昆虫卵的孵化、脱皮、化蛹、羽化,一般都要求较高的湿度。但一些刺吸式口器害虫如蚧虫、蚜虫、叶蝉及叶螨等对大气湿度变化并不敏感,即使大气非常干燥,也不会影响它们对水分的要求,如天气干旱时寄主汁液浓度增大,提高了营养成分,有利于害虫繁殖,所以这类害虫往往在干旱时危害严重。

降雨不仅影响环境湿度,也直接影响害虫发生的数量,其作用大小常因降雨时间、次数和强度而定。春季雨后有助于一些在土壤中以幼虫或蛹越冬的昆虫顺利出土;而暴雨则对一些害虫如蚜虫、初孵蚧虫及叶螨等有很大的冲杀作用,从而大大降低虫口密度;阴雨连绵不但影响一些食叶害虫的取食活动,且易造成致病微生物的流行。

(3)光。光主要影响昆虫的活动规律与行为,协调昆虫的生活周期,起信号作用。光对昆虫的影响,主要取决于光的性质、光的强度和光周期。人类可见光波长为 400~770 nm,而昆虫可见光波长为 253~700 nm,许多昆虫对 330~400 nm 的紫外光有较强的趋性,而利用黑光灯(波长为 360 nm 左右)诱杀害虫就是这个原理。

(4)风。风可以降低气温和湿度,影响昆虫的体温和体内水分的蒸发,特别是对昆虫的迁飞、扩散起着重要作用,许多昆虫能借助风力传播到很远的地方,如蚜虫可借风力迁移 1 220~1 440 km。

#### 2. 土壤因素

土壤温度主要影响昆虫在土壤中的垂直移动,土壤湿度、土壤理化性质主要影响土栖昆虫的分布。例如蛴螬、小地老虎,夏季多于夜间或清晨上升土表危害,中午则下移到土壤深层。

### 3. 生物因素

(1) 每种昆虫都有它最喜食的植物种类，在取食、喜食植物时，昆虫的发育较快，死亡率低，生殖力高；同种植物的不同发育阶段对昆虫的影响也不同；植物的含水量和昆虫的生长、发育及繁殖有密切关系。在干旱条件下，植物缺水，体内营养物质浓度高，有利于一些害虫的繁殖，特别是有利于刺吸式口器害虫的繁殖；在氮肥过多的情况下，也有利于一些害虫的繁殖，而磷肥则对一些昆虫（如蚜虫、螨类）具有相反的效果。

(2) 天敌因素是指昆虫的所有生物性敌害。天敌的种类很多，有捕食性天敌、寄生性天敌和致病微生物三大类。另外，还有蜘蛛及其他食虫动物等。

(3) 植物对昆虫的取食为害所产生的抗性反应，称为植物的抗虫性。根据植物抗虫性机制可分为不选择性、抗生性、耐害性。

①不选择性：植物的形态、组织上的特点和生理生化上的特性，或体内的某些特殊物质的存在，阻碍昆虫对植物的选择，或由于植物物候期与害虫的为害期不吻合，使局部或全部避免于害。

②抗生性：植物体内某些有毒物质，使害虫在取食后可产生生理失调甚至死亡。

③耐害性：植物受害后具有很强的增值和补偿能力，而不致在产量上有明显的影响。

## 二、花卉常见害虫

### （一）常见食叶害虫

#### 1. 蝶类

(1) 代表种。蝶类的代表种是菜粉蝶。菜粉蝶别名菜白蝶，其幼虫又称菜青虫，属鳞翅目，粉蝶科。成虫体长为 12～20 mm，翅展 45～55 mm，体灰黑色，胸部密被白色及灰黑色长毛，翅白色。雌虫前翅前缘和基部大部分为黑色，顶角有 1 个大三角形黑斑，中室外侧有 2 个黑色圆斑，前后并列。后翅基部为灰黑色，前缘有 1 个黑斑，翅展开时与前翅后方的黑斑相连接（图 6-3）。菜粉蝶属完全变态发育。全国各地均有分布。其主要寄生在十字花科、菊科、旋花科等 9 科植物。

(2) 危害特点。幼苗期危害可引起植株死亡。幼虫危害造成的伤口又可引起软腐病的侵染和流行，严重影响观赏效果。

菜青虫的发生有春、秋两个高峰季。夏季由于高温干燥，菜青虫的发生也呈现下降趋势。

(3) 综合防治方法。

①人工防治：人工捕杀幼虫和越冬蛹，在养护管理中摘除有虫叶和蛹。成虫羽化期可用捕虫网捕捉成虫。

②生物防治：在低龄幼虫期可用 300～500 倍液喷雾每隔 10～15 d 喷一次，连续喷 2～3 次。同时，还要注意保护

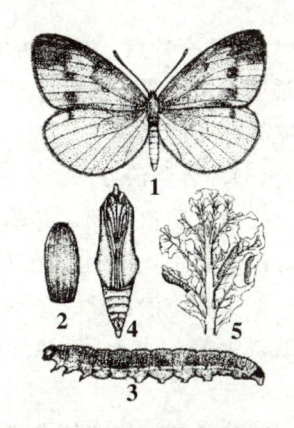

**图 6-3　菜粉蝶及危害特征**
1—成虫；2—卵；3—幼虫；
4—蛹；5—菜青虫危害状

并利用金小蜂、广大腿小蜂、姬蜂等天敌。

③化学防治：低龄幼虫期可以选择20%灭幼脲1号胶悬剂1 000倍液、5%氟啶脲乳油1 000～1 500倍液或5%氟铃脲乳油1 000～2 000倍液、20%除虫菊酯乳油2 000倍液任何一种喷雾。

### 2. 刺蛾类

刺蛾类害虫俗称"洋辣子""刺毛虫"。其幼虫体表有毒刺。我国有90余种，常见有黄刺蛾、褐边绿刺蛾、扁刺蛾、丽绿刺蛾等。

(1) 代表种。刺蛾类的代表种是黄刺蛾。黄刺蛾又称刺毛虫，属鳞翅目、刺蛾科。危害石榴、月季花、山楂、芍药、牡丹花、红叶李、紫薇、梅花、蜡梅、海仙花、桂花、大叶黄杨等观赏植物。黄刺蛾是一种杂食性食叶害虫。

雌蛾体长为15～17 mm，翅展35～39 mm；雄蛾体长为13～15 mm，翅展30～32 mm。体橙黄色，前翅黄褐色，自顶角有1条细斜线伸向中室，斜线内方为黄色，外方为褐色；在褐色部分有1条深褐色细线自顶角伸至后缘中部，中室部分有1个黄褐色圆点。后翅灰黄色。幼虫体上有毒毛易引起人的皮肤痛痒。老熟幼虫体长为19～25 mm，体粗大。胸部黄绿色，体自第二节起，各节背线两侧有1对枝刺，以第3、4、10节的为大；体背有紫褐色大斑纹，前后宽大，一中部狭细呈哑铃形（图6-4和图6-5）。

图6-4　黄刺蛾成虫　　　　图6-5　黄刺蛾老熟幼虫

(2) 危害特点。初孵幼虫先食卵壳，然后取食叶下表皮和叶肉，剥下上表皮，形成圆形透明小斑，隔1日后小斑连接成块。4龄幼虫取食叶片形成孔洞；5、6龄幼虫能将全叶吃光仅留叶脉。

(3) 综合防治方法。

①人工防治：秋、冬季、早春消灭过冬虫茧中幼虫；及时摘除虫叶，杀死刚孵化尚未分散的幼虫；利用黑光灯诱杀成虫。

②生物防治：秋、冬季摘虫茧，放入纱笼，网孔以刺蛾成虫不能逃出为准，保护和引放寄生蜂。或于较高龄幼虫期喷500～1 000倍的每毫升含孢子100亿以上的Bt乳剂等。

③化学防治：在幼虫盛发期喷洒50%辛硫磷乳油1 000～1 500倍液、50%马拉硫磷乳油1 000倍液、5%来福灵乳油3 000倍液。

### 3. 蓑蛾类

蓑蛾又名袋蛾，幼虫肥大，胸足和臀足发达，腹足退化呈跖状吸盘。幼虫吐丝造成各种形状蓑囊，囊上黏附断枝、残叶、土粒等。幼虫在栖息囊中，行动时伸出头、胸，负囊移动，因而有结草虫、结苇虫、木螺、蓑衣丈人、避债虫、皮虫、背包虫、袋虫等象形的俗称。我国有17种，常见有小蓑蛾、大蓑蛾等。

(1)代表种1：小蓑蛾。小蓑蛾主要危害的作物有茶花、梅花、芍药、牡丹花、月季花、玫瑰花、蒲桃、五叶地锦、含笑花、葡萄、红叶李等多种花卉及观赏花木。

小蓑蛾雌雄异态，雌成虫体长为8 mm左右纺锤形，无翅，足退化，似蛆状，头小，褐色，胸腹黄白色。雄成虫体长约为4 mm，翅展11～13 mm，似茶褐色，体表被有白色鳞毛。卵椭圆形，乳黄色。幼虫体长为9 mm左右，中后胸背面各有4个黑褐色斑，以中央的两个斑纹较大，腹部第8节背面有2个褐色斑点，第9节有4个褐色斑点。护囊纺锤形，囊外附有碎叶片和小枝，囊端有1根细丝与枝叶相连，雌囊长约为12 mm，雄囊短于雌囊(图6-6)。

危害特点：初孵幼虫借风吐丝扩散。先吐丝营造护囊，后负囊行走与为害，护囊随幼虫长大而加大，昼伏夜出。发生严重时，可将叶片吃光，影响绿化效果。

综合防治方法如下：

①修剪：防治小蓑蛾应在冬春结合修剪，剪除护囊和囊内越冬虫体。在幼虫危害期也可以随时摘除护囊，这样可以不用喷药防治。

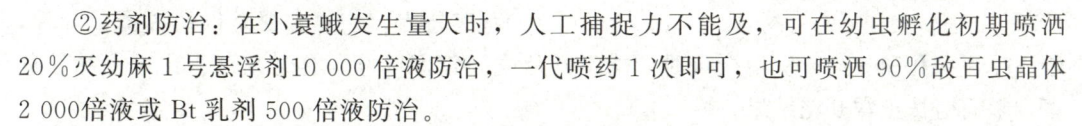

图6-6 小蓑蛾及危害特征
1—危害状；2—雄成虫；3—雌成虫；4—幼虫；5—雄蛹；6—护囊

②药剂防治：在小蓑蛾发生量大时，人工捕捉力不能及，可在幼虫孵化初期喷洒20%灭幼脲1号悬浮剂10 000倍液防治，一代喷药1次即可，也可喷洒90%敌百虫晶体2 000倍液或Bt乳剂500倍液防治。

③利用天敌：小蓑蛾的天敌姬蜂、大腿蜂、追寄蝇等，应加以保护利用。

(2)代表种2：大蓑蛾。寄主除有唐菖蒲外，还有蜡梅、梅花、向日葵、月季花、蔷薇、牡丹等花卉。

雌成虫纺锤形，蛆状，乳白色至乳黄色。头极小。雄成虫翅展35～44 mm，体翅暗褐色，密被绒毛。触角羽状。前后翅褐色，近外缘有4～5个透明斑。卵近圆球形，初为乳白色，后变为淡黄棕色。虫囊内卵堆圆锥形，上端呈凹陷的球面状。初孵幼虫体扁圆形，老熟幼虫，雌虫黑色，体粗大；雄虫黄色，较小。虫囊纺锤形，取食时囊的上端有1条柔软的颈圈(图6-7)。雄囊的下部较细，雌囊则较大。

图6-7 大蓑蛾雄成虫

危害特点：该虫主要是以幼虫取食叶片为害，

还嚼食茎干表皮，吐丝缀叶成囊，躲藏其中，头伸出囊外取食。

综合防治方法：冬季整枝修剪时，摘除虫囊，消灭越冬幼虫；利用成虫有趋光性，可用黑光灯诱杀；保护和利用天敌，主要有伞裙追寄蝇等。

化学防治：尽量选择在低龄幼虫期防治。此时虫口密度小，危害小，且虫的抗药性相对较弱。防治时用45%丙溴辛硫磷(国光依它)1 000倍液，或国光乙刻(20%氰戊菊酯)1 500倍液+乐克(5.7%甲维盐)2 000倍混合液，40%啶虫毒(必治)1 500～2 000倍液喷杀幼虫，可连用1～2次，每次间隔7～10 d。可轮换用药，以延缓抗性的产生。

### 4. 尺蛾类

尺蛾类幼虫仅有2对附足，爬行时弯腰造桥，故又名步曲、造桥虫，属鳞翅目，尺蛾科。

(1)代表种：大造桥虫。大造桥虫又名尺蠖，全国各地均有分布，主要危害锦葵、蔷薇、月季花、菊花、一串红、山茶花、扁桃、泡桐、香樟、水杉、榆等植物。此虫为间歇爆发性害虫。

大造桥虫成虫体长为15～20 mm，体色变异很大，有黄白色、淡黄色、淡褐色、浅灰褐色，翅上横纹和斑纹均为暗褐色，雌成虫触角细长，雄成虫栉齿状，前后翅的4个星斑及内外线为暗褐色，翅底面为白色，另有很多褐色小点，卵长椭圆形，长为0.73 mm，青绿色，有深黑色、灰黄色斑纹。幼虫体长为38～39 mm，体色变化较大，由黄色至青白色，背线宽，淡青色至青绿色(图6-8)。

图6-8 大造桥虫

(2)危害特点。该虫主要是以幼虫蚕食叶片，造成叶片穿孔和缺刻。发生严重时，能将叶片吃光仅留叶脉。有时花蕾、花冠也受其危害，影响植株正常开花结果。

(3)综合防治方法。

①园林技术防治：园林设计时注意增加植物多样性，形成乔木、灌木、花草多层结构；人工筑巢招引益鸟；加强肥水管理，合理修剪，可减轻危害。在9月至次年4月底之前深翻灭蛹。平时人工挂除树皮缝隙间的卵块。利用成虫假死性，清晨人工扑打成虫。

②灯光诱杀：利用频震式杀虫灯诱杀成虫。

③生物防治保护天敌：每亩用核型多角体病毒可湿性粉剂(每100 g兑水50 kg)，在第一代幼虫1～2龄高峰期喷雾，或用Bt乳剂300～500倍液喷雾。

④化学防治：在幼虫低龄阶段，虫株率小于5%时，用25%灭幼脲3号悬浮剂1 500倍液，或50%辛硫磷乳油1 000倍液喷雾。

### 5. 夜蛾类

属鳞翅目，夜蛾科。食性广，危害方式有食叶性、切跟(茎)性及钻蛀性等。另外，还可以危害花蕾及花等。

(1)代表种：夜蛾类的代表种是斜纹夜蛾。斜纹夜蛾又名夜盗虫，可危害多种草本、木本花卉，对草坪危害也严重。成虫体长为14～16 mm。头、胸及腹均为褐色。胸背有白色毛丛，前翅灰褐色，前翅基部有白线数条，内外横线间从前缘伸向后缘有3条灰白色斜纹，后翅白色透明。老熟幼虫体长为40～50 mm，头部黑褐色，中胸至第九腹节有半月形或三角形黑斑1对(图6-9)。

图6-9 斜纹夜蛾

(2)危害特征。初孵幼虫群集叶背取食下表皮与叶肉，2龄末期吐丝下垂，随风转移扩散。5～6龄为暴食阶段。6～7月阴湿多雨，常会爆发成灾。

(3)综合防治方法。

①人工防治：冬耕灭蛹或幼虫，夏季摘除卵块及群集幼虫，人工捕捉大龄幼虫。

②物理防治：采用频振式杀虫灯或糖醋液诱杀成虫。

③生物防治：保护利用天敌，在幼虫低龄期施用Bt乳油和核型多角体病毒制剂。

④化学防治：可选择25%灭幼脲3号悬浮剂1 500倍液、5%氟啶脲乳油2 000倍液喷雾。

### 6. 茄二十八星瓢虫

茄二十八星瓢虫属鞘翅目瓢虫科，成虫体长为6.0 mm左右，体色淡褐色，体背因为满布微细短毛，光泽度较弱，翅鞘上左右各有14枚小黑点，是茄科植物与瓜类作物上常见的小害虫(图6-10)。

(1)危害特点。成虫和幼虫食叶肉，残留上表皮呈网状，严重时全叶食尽。另外，尚舐甜食瓜果表面，使受害部位变硬，带有苦味，影响产量和质量。

(2)综合防治方法。

①人工捕杀：利用成虫假死习性，早晚拍打寄主植物，用盆接住落下的成虫集中杀死。产卵盛期采摘卵块毁掉。

②药剂防治：抓住在幼虫孵化或低龄幼虫期时机适时用药防治。或50%辛硫磷乳油1 000倍液，或2.5%功夫乳油4 000倍液喷雾。

### 7. 短额负蝗

短额负蝗属直翅目，蝗科，又名小尖头蚂蚱。可危害大部分草本花卉。成虫体长为21～32 mm，体色多变，从淡绿色到褐色和浅黄色都有，并杂有黑色小斑。头部锥形，前翅绿色，后翅基部红色，末端部绿色。若虫体为淡绿色，带有白色斑点(图6-11)。触角末节膨大，色较其他节要深。

(1)危害特点。成虫、若虫大量发生时，常将叶片食光，仅留秃枝。初孵若虫有群集为害习性，2龄后分散为害。

图 6-10　茄二十八星瓢虫　　　　　图 6-11　短额负蝗

(2)综合防治方法。土壤翻耕，清除杂草，保护青蛙、蟾蜍、鸟类等天敌，人工捕捉。必要时喷洒50%辛硫磷或马拉硫磷1 500倍液，或1%阿维菌素2 000倍液。

### (二)常见刺吸性害虫

刺吸性害虫具有刺吸式的口器，危害特点是以上下颚口针刺入花卉组织内吸吮汁液。被害部分常出现细小的变色斑点或有卷曲、皱缩、畸形等症状。常见的害虫有蚜虫、蚧壳虫、粉虱、蟥象、叶蝉及螨类等。

#### 1. 蚜虫类

蚜虫又称腻虫、蜜虫，是一类植食性昆虫，目前已经发现的蚜虫总共有10科，约4 400种。在我国侵害花木的蚜虫有40余种，主要有棉蚜、桃蚜、月季长管蚜等。

(1)代表种。蚜虫类的代表种是桃蚜。桃蚜别名赋虫、烟蚜、桃赤蚜、油汉，是植物上危害最普遍的一种蚜虫，在我国分布广泛。这种蚜虫除危害百合外，还危害万寿菊、香石竹、蔷薇、樱花、晚香玉、梅花、瓜叶菊、木芙蓉、玫瑰、鸡冠花、报春花等花卉。

桃蚜有橘红色、浅绿色等体色。无翅蚜虫体长为1.4~2 mm，绿色或红褐色，触角呈鞭状，足基部为淡褐色，其余部分为黑色，尾片粗大，绿色。腹部背面有黑斑及翠绿色中带和侧横带，腹管圆筒形。卵体较小，长约为1 mm，椭圆形，初为绿色后变黑色。若虫近似无翅胎生雌蚜，淡绿色或淡红色(图6-12)。

图 6-12　桃蚜

(2)危害特点。蚜虫分为有翅、无翅两种类型，以成蚜或若蚜群集于植物叶背面、嫩茎、生长点和花上，用针状刺吸口器吸食植株的汁液，使细胞受到破坏，生长失去平衡，叶片向背面卷曲皱缩，心叶生长受阻，严重时植株停止生长，甚至全株萎蔫枯死。蚜虫危害时排出大量水分和蜜露，滴落在下部叶片上，引起霉菌病发生，并招来蚂蚁危害等，使叶片生理机能受到障碍，减少干物质的积累。

(3)综合防治方法。

①人工防治：结合园林措施剪除有卵的枝叶或刮除枝干上的越冬卵；利用黄色板诱杀有翅蚜。

②生物防治：保护天敌瓢虫、草蛉，抑制蚜虫的蔓延。

③化学防治：在寄主植物休眠期，喷洒3～5波美度石硫合剂；在发生期喷洒50%灭蚜松乳油1 000～1 500倍液；盆栽植物可根埋15%铁灭克颗粒剂2～4 g(根据盆大小决定用药量)或8%氧化乐果颗粒剂；可以使用专门的杀虫剂进行喷撒，如蚜虱净；还可用敌敌畏熏蒸，效果更好，但成花后不能使用。

## 2. 蚧壳虫类

蚧壳虫的种类在世界约有6 000种，常见有红蜡蚧(图6-13)、龟蜡蚧(图6-14)、吹绵蚧(图6-15)和白盾蚧(图6-16)等。蚧壳虫体被各种粉状、绵状、蜡状分泌物覆盖形成介壳。蚧壳虫危害茶梅、樱花、银边山菅兰、白兰花、含笑花、金丝桃等花木。

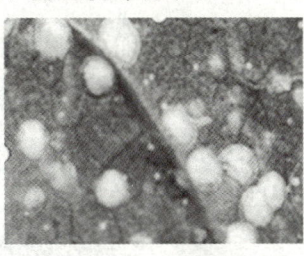

图6-13 红蜡蚧　　图6-14 龟蜡蚧　　图6-15 吹绵蚧　　图6-16 白盾蚧

蚧壳虫繁殖为有性繁殖与孤雌生殖两种。繁殖力很强，每只红蜡蚧一生可产卵3 000粒左右。蚧壳虫在植株上不大活动。依靠风力、流水、昆虫、鸟类、人类活动传播。蚧壳虫一年发生1～2代或多代，多数以受精雌虫越冬。

综合防治方法：冬季植株修剪及清园，消灭在枯枝落叶杂草与表土中越冬的虫源；保护和利用天敌昆虫；在若虫孵化盛期用药，此时蜡质层未形成或刚形成，对药物比较敏感，用量少、效果好。选择对症药剂：刺吸式口器，应选内吸性药剂，背覆厚蚧壳(铠甲)，应选用渗透性强的药剂，如速扑杀水溶液1 000倍液喷雾防治，或用林帆罢蚧800～1 000倍液。建议连续使用2次，间隔7～10 d。

## 3. 蝉类

(1)代表种。蝉类的代表种是斑衣蜡蝉。斑衣蜡蝉主要危害樱花、梅花、珍珠梅、海棠花、桃花、葡萄、石榴等花木(特别喜欢臭椿)。斑衣蜡蝉的成虫体长为14～20 mm，翅展40～50 mm，全身灰褐色；前翅革质，基部约2/3为淡褐色，翅面具有20个左右的黑点；端部约1/3为深褐色；后翅膜质，基部鲜红色，具有7～8个黑点；端部黑色。体翅表面附有白色蜡粉。头角向上卷起，呈短角凸起。卵为长圆形，褐色，长约为3 mm，排列成块，披有褐色蜡粉。若虫体形似成虫，初孵时白色，后变为黑色，体有许多小白斑，1～3龄为黑色斑点，4龄体背呈红色，具有黑白相间的斑点(图6-17)。

(2)危害特点。以成虫、若虫群集在叶背、嫩梢上刺吸危害，栖息时头翘起，有时可见数十头群集在新梢上，排列成一条直线；引起被害植株发生

图6-17 斑衣蜡蝉

煤污病或嫩梢萎缩、畸形等，严重影响植株的生长和发育。

(3)综合防治方法。结合冬季修剪，刷除卵块；保护利用若虫的寄生蜂等天敌；冬季刮除树干上的卵块；使用50%啶虫脒水分散粒剂3 000倍液，10%吡虫啉可湿性粉剂1 000倍液，40%啶虫脒。毒乳油1 500～2 000倍液或啶虫脒水分散粒剂3 000倍液＋5.7%甲维盐乳油2 000倍混合液喷雾均可针对性防治。

### 4. 螨类

(1)代表种。螨类的代表种是红蜘蛛。近些年来，红蜘蛛已成为危害园林花卉树木的重要害虫之一。其危害香石竹、菊花、凤仙花、茉莉花、月季花、桂花、一串红、鸡冠花、蜀葵、木槿、木芙蓉、万寿菊、天竺葵、鸢尾、山梅花等花木。

据初步观察发现，危害花卉的红蜘蛛属于叶螨总科。螨类个体较小，一般体长不到1 mm，若螨可在0.2 mm以下。成螨体型为圆形或长圆形，多半为红色或暗红色。越冬螨橙红色，卵球形，直径为0.1～0.2 mm。幼螨体近圆形，长为0.14 mm左右，淡黄色。若螨形态和成螨相似，黄褐色。卵为圆球形，橙色至黄白色(图6-18)。

图6-18 红蜘蛛

(2)危害特点。主要危害植物的叶、茎、花等，刺吸植物的茎叶，使受害部位水分减少，表现失绿变白，叶表面呈现密集苍白的小斑点，卷曲发黄。严重时植株发生黄叶、焦叶、卷叶、落叶和死亡等现象。同时，红蜘蛛还是病毒的传播介体。

(3)综合防治方法。加强栽培管理，做好圃地卫生，及时清除园地杂草和残枝虫叶，减少虫源；改善园地生态环境，增加植被，为天敌创造栖息生活繁殖场所；冬季对木本植物，刮除粗皮、翘皮，结合修剪，剪除病、虫枝条。树干束草，诱集越冬雌螨，来春收集烧毁；发现红蜘蛛在较多叶片危害时，应及早喷药。可喷施15%达螨灵乳油1 500倍液、25%倍乐霸可湿性粉剂1 000倍液、73%克螨特乳油2 000倍液。喷药时，要求做到细微、均匀、周到，要喷及植株的中部、下部及叶背等处，每隔10～15 d喷一次，连续喷2～3次，有较好效果；生物防治叶螨天敌种类很多，注意保护瓢虫、草蛉、小花蝽、植绥螨等天敌。

### 5. 蝽类

(1)代表种。蝽类的代表种是梨冠网蝽。梨冠网蝽又称梨军配虫。它危害樱花、海棠花、月季花、杜鹃花等。梨冠网蝽一年发生4～5代，7—8月高温干旱危害最严重，10月后成虫越冬。

梨冠网蝽的成虫体长为2.8～3.0 mm，宽为1.6～1.8 mm。头部为红褐色，头上5根头刺为黄白色；触角浅黄褐色。前胸背板黄褐色。前翅透明且宽大，翅面褐色斑较明显。前胸背板具3条纵脊，中脊最长(图6-19)。

(2)危害特点。成虫、若虫喜群集叶背主脉附近，被害处叶面呈现黄白色斑点，叶背和下边叶面上常落有黑褐色带黏性的分泌物和粪便，危害至 10 月中、下旬以后，成虫寻找适当处所越冬。

(3)综合防治方法。

①人工防治：成虫春季出蛰活动前，彻底清除附近的杂草、枯枝落叶，集中烧毁或深埋，消灭越冬成虫。9 月间树干上束草，诱集越冬成虫。

②化学防治：一是越冬成虫出蛰至第 1 代若虫发生期，成虫产卵之前，以压低春季虫口密度；二是夏季大发生前喷药，以控制 7—8 月危害。农药有 90％晶体敌百虫 1 000 倍液、50％杀螟松乳剂 1 000 倍液等，连续喷 2 次，效果很好。

图 6-19　梨冠网蝽

### 6. 蓟马类

(1)代表种。蓟马类的代表种是西花蓟马。西花蓟马食性杂，目前，已知寄主植物多达 500 余种，主要有李、桃、苹果、葡萄、草莓、茄、辣椒、生菜、番茄、豆、兰花、菊花等。

西花蓟马雌虫体长为 1.2～1.7 mm，体淡黄色至棕色，头及胸部颜色较腹部略淡，雄虫与雌虫形态相似，但体型较小，颜色较淡。若虫有 4 个龄期。1 龄若虫一般无色透明，虫体包括头、3 个胸节、11 个腹节；在胸部有 3 对结构相似的胸足，没有翅芽。2 龄若虫金黄色，形态与 1 龄若虫相同。3 龄若虫白色，具有发育完好的胸足、翅芽和发育不完全的触角，身体变短，触角直立，少动，又称前蛹。4 龄若虫白色，在头部具有发育完全的触角、扩展的翅芽及伸长的胸足，又称蛹。不透明，肾形，长约为 200 μm。

(2)危害特征。该虫以锉吸式口器取食植物的茎、叶、花、果，导致花瓣褪色、叶片皱缩，茎和果则形成伤疤，最终可能使植株枯萎，同时，还传播番茄斑萎病毒在内的多种病毒。

(3)综合防治方法。

①农业防治：清除花木间及周围杂草，减少越冬虫口基数，加强田间管理，增强植物自身抵抗能力，能较好地预防西花蓟马的侵害。干旱植物更易受到西花蓟马的入侵，因此，保证植物得到良好的灌溉就显得十分重要。

②物理防治：利用西花蓟马对蓝色的趋性，可采取蓝色诱虫板对西花蓟马进行诱集，效果较好。

③生物防治：利用西花蓟马的天敌蜘蛛及钝绥螨等可有效控制西花蓟马的数量。如在温室中每 7 d 释放钝绥螨 200～350 头/$m^2$，可完全控制其危害。释放小花蝽也有良好的效果。这些天敌在缺乏食物时能取食花粉，所以，效果比较持久。

④药剂防治：药剂可选用 10％虫螨腈乳油 2 000 倍液，或 5％氟虫腈悬浮剂 1 500 倍液，或 10％吡虫啉可湿性粉剂 2 000 倍液等喷雾。

### (三)常见蛀食性害虫

蛀食性害虫又称蛀干害虫。这类害虫的幼虫钻蛀在花木的枝条、茎干内食害组织,使茎干形成隧道式的空洞,植物输导组织被破坏而死亡。其常见的有天牛、木蠹蛾、吉丁虫、潜叶等。

#### 1. 天牛类

天牛类害虫的特点是中至大形,体长形,略扁,触角长,而后伸,多数种类常长于身体。成虫多在白天活动,产卵于树缝,或以其强大的上颚咬破植物表皮,产卵于组织内。幼虫多钻蛀树木的茎或根,深入到木质部,作不规则的隧道,严重影响树势,甚至造成植株死亡,如星天牛、桃红颈天牛等。

(1)代表种。天牛类的代表种是星天牛。星天牛又名柑橘星天牛、银星天牛,主要危害月季花、樱花等。星天牛雌成虫体长为36~41 mm,雄虫体长为27~36 mm,体黑色,略带金属光泽。雌虫触角超出身体1、2节,雄虫触角超出身体4、5节。前胸背板中瘤明显,两侧具尖锐粗大的侧刺突。鞘翅基部有黑色小颗粒,每翅具大小白斑约20个。虫卵为长椭圆形,长为5~6 mm。老熟幼虫体长为38~60 mm,呈乳白色到淡黄色。前胸略扁,背板骨化区呈"凸"字形(图6-20)。

图6-20 星天牛

(2)危害特点。星天牛刚羽化的成虫仍在蛹室停留7 d左右,然后爬出羽化孔,咬食嫩枝皮层和叶片。6月上旬初孵幼虫先在产卵处蛀食皮层,被害处有白色泡沫状胶质物流出,约经2个月后开始蛀入木质部形成隧道。初蛀木质部时向下蛀食,至一定深度后转而向上,虫粪则从近地面处的蛀孔排出。

(3)综合防治方法。

①农业防治。结合施肥修剪,剪除枯枝和虫枝;冬季清园时,砍伐挖除衰老或枯死的植株,或挖除枯死的幼树,以减少虫口基数;对树干基部受害较轻的果株,加强管理,以恢复树势。

②人工防治。

a. 捕杀成虫:在成虫羽化活动期,在晴天中午的枝梢上或傍晚的树干基部上常见成虫。巡视果园捕杀成虫。

b. 消灭幼虫、虫卵:根据星天牛产卵在树干的基部,初孵幼虫多在树干皮层部危害;树皮上出现产卵伤痕,可用锤敲击受害部,或用小刀刮除,从而杀死树皮下的卵或幼虫。

③化学防治。

a. 白涂剂涂干:在星天牛成虫产卵前或产卵初期,用生石灰5 kg、硫黄粉0.5 kg、水20 kg混搅成浆状,涂刷在树干、枝条分叉处,预防成虫产卵。

b. 施药塞洞:当发现有新鲜木屑状虫粪的虫孔,用钢丝钩杀幼虫,或将蛀孔的虫粪清除，用80%敌敌畏乳油注入蛀道内，或用棉球浸湿药液后塞入虫孔，或磷化铝毒签插入，再用湿土堵封孔口，以毒死蛀道内的幼虫。

### 2. 木蠹蛾类

(1)代表种。木蠹蛾类的代表种是咖啡木蠹蛾。咖啡木蠹蛾别名豹纹蠹蛾、麻木蠹蛾。成虫体灰白色，长为15～18 mm，翅展25～55 mm。前翅白色，半透明，布满大小不等的青蓝色斑点；后翅外缘有青蓝色斑8个。雌蛾一般大于雄蛾，触角丝状。卵为圆形，淡黄色。老龄幼虫体长为30 mm，头部黑褐色，体紫红色或深红色，尾部淡黄色(图6-21)。各节有很多粒状小凸起，上有白毛1根。咖啡木蠹蛾除危害菊花外，还危害月季花、石榴、白兰花、山茶、樱花、香石竹等花卉。

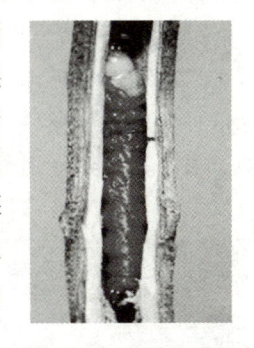

图 6-21 咖啡木蠹蛾

(2)危害特点。该虫是以幼虫钻蛀茎枝内取食危害，致使枝叶枯萎，甚至全株枯死。

(3)综合防治方法。剪除虫枝，菊花凋谢后，将植株上部剪下烧毁。春末夏初幼虫危害时，剪下受害枝条烧毁；保护和利用天敌。

化学防治：尽量选择在低龄幼虫期防治。此时虫口密度小，危害小，且虫的抗药性相对较弱。防治时用45%丙溴辛硫磷1 000倍液，或(20%氰戊菊酯1 500倍液+5.7%甲维盐)2 000倍混合液，可连续使用1～2次，间隔7～10 d。

### 3. 吉丁虫类

吉丁虫俗称爆皮虫、锈皮虫，属鞘翅目、吉丁科。成虫咬食叶片造成缺刻，幼虫蛀食枝干皮层，被害处有流胶，危害严重时树皮爆裂，甚至造成整株枯死。吉丁虫危害梅花、樱花、桃花、海棠花、五角枫等花木。

(1)代表种：六星吉丁虫。六星吉丁虫又名溜皮虫，串皮虫。鞘翅目，吉丁虫科。体长为10～12 mm，蓝黑色，有光泽。触角共11节，呈锯齿状。前胸背板前狭后宽，近梯形。两鞘翅上各有3个稍下陷的青色小圆斑，常排成整齐的1列(图6-22)。

图 6-22 六星吉丁虫

(2)危害特点。以幼虫蛀食皮层及木质部，严重时，可造成整株枯死。

(3)综合防控方法。成虫羽化之前，及时处理枯枝、死树，并烧毁，消灭虫源；冬、春季将被害处的老皮刮去，用刀将皮层下的幼虫挖除，如幼虫已达木质部，可用刀在被害处纵划几道，深达木质部，也可将幼虫杀死，然后在伤口处涂上5度石硫合剂，保护伤口，以便很好愈合，并可防止成虫产卵；成虫具有假死性，在露水未干时，行动迟钝，可振动枝干使其落下捕杀；幼虫初危害期可在被害枝涂刷40%氧化乐果乳油20～30倍液；加大植物检疫工作力度，凡带虫苗木不得引进或外运。

#### 4. 潜叶类

潜叶蝇属于双翅目蝇类，主要危害 120 余种植物，如菊花、大丽菊、香石竹、旱金莲等都会受害。一年发生 13~14 代。

(1) 代表种。潜叶类的代表种是美洲斑潜蝇。美洲斑潜蝇于 1993 年传入我国海南地区，之后迅速蔓延，现已分布在我国大部分省市。寄主植物多，已记录 24 科 120 余种，除危害葫芦科、豆科、茄科、十字花科等蔬菜外，还危害菊花、满天星、香石竹、非洲菊、大丽花、旱金莲等花卉。1 年发生几代至几十代，时代重叠；南方及温室中全年均可发生。

(2) 危害特点。美洲斑潜蝇具有舐吸式口器，是雌虫刺破寄主叶片上表皮，产卵于叶肉中，幼虫孵化后，在上下表皮间穿行取食叶肉组织，呈现不规则白色条斑 (图 6-23)，使叶片逐渐枯黄，造成叶片内叶绿素分解，叶片中糖分降低，危害严重时被害植株叶黄脱落，甚至死苗。

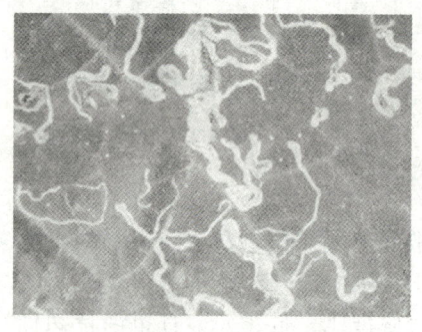

图 6-23 美洲斑潜蝇

(3) 综合防控方法。

①加强植物检疫：严禁从疫区调入花卉等作物。

②农业防治：在斑潜蝇危害严重的地区，把斑潜蝇嗜好的瓜类、茄果类、豆类与其不危害的作物进行套种或轮作；适当疏植，增加田间通透性；在秋季和春季的保护地的通风口处设置防虫网，防止露地和棚内的虫源交换。

③物理防治：采用灭蝇纸诱杀成虫，在成虫始盛期至盛末期，每亩置 15 个诱杀点，在每个诱杀点上放置 1 张诱蝇纸诱杀成虫，3~4 d 更换一次。

④生物防治：释放姬小蜂、反颚茧蜂、潜叶蜂等天敌。

⑤化学防治：成虫羽化始盛期开始防治，药剂可选用 5% 卡死克乳 2 000 倍液，或 5% 锐劲特悬浮剂 1 500 倍液等；在低龄幼虫始盛期防治，药剂则可选用 50% 潜蝇灵可湿性粉剂 2 000~3 000 倍液，或 75% 潜克可湿性粉剂 5 000~8 000 倍液等喷雾防治，5~7 d 防治 1 次，连续防治 2~3 次。若在天敌发生高峰期用药，宜选用 1% 杀虫素 1 500 倍液或 0.6% 灭虫灵乳油 1 000 倍液喷雾防治。

### (四) 常见地下害虫

地下害虫是指一生中大部分时间在土壤中生活，主要危害植物地下部分(如根、茎、种子)或地面附近根茎部的一类害虫，也称为土壤害虫。它们是一个特殊的害虫类群。

#### 1. 蛴螬类

蛴螬是鞘翅目金龟甲幼虫的总称，是一类重要的地下害虫。它们可危害各种花卉、作物、果树、林木、蔬菜、牧草等。据报道，其在全世界种类约有 30 000 多种，中国约有 1 300 种，其中分布广、危害重的主要有东北大黑鳃金龟、华北大黑鳃金龟、铜绿丽金龟、暗黑鳃金龟等。

(1) 代表种 1：大黑鳃金龟(东北大黑鳃金龟)。大黑鳃金龟的成虫体长为 16~

22 mm，黑褐色或黑色，具光泽。每翅鞘有 4 条明显的纵肋。前足胫节外齿 3 个，内部有距 1 个，中、后足胫节末端有端距 2 个。幼虫体长为 35～45 mm，头部前顶区刚毛每侧各 3 根，呈一纵列。肛门孔三裂，臀节腹面无刺毛列，钩状刚毛群呈三角形分布。蛹长为 21～23 mm，初为黄白色，后变黄褐色至红褐色。头细小，向下稍弯，复眼明显，触角较短。腹末端有叉状凸起 1 对。

(2)代表种 2：铜绿丽金龟。铜绿丽金龟成虫体长为 19～21 mm，体宽为 10～11.3 mm，头、前胸背板、小盾片和鞘翅呈铜绿色有闪光。前胸背板各缘均具饰边，仅小盾片前缘部不明显。鞘翅各具 4 条纵肋。前足胫节具 2 外齿，较钝，内侧距的尖部与第二外齿尖在同一水平上。末龄幼虫体长为 30～33 mm。肛门孔呈一字形横裂，肛背片后部无臀板，肛腹片后部腹毛区中间有刺列，每列各有长针状刺毛 11～20 根，多数为 15～18 根，大多数彼此相遇或交叉。蛹长椭圆形，臀节腹面雄蛹有 4 裂的疣状凸起，雌蛹无此凸起。

(3)危害特点。蛴螬在土中食害种子、咬断幼苗的根茎，断口整齐平截，常造成幼苗枯死，缺苗断垄；也可食害花生果荚和各种块根、块茎，造成孔洞或坑道，不仅引起减产，且伤口容易遭受病菌侵入。成虫主要危害多种作物和果树、林木及花卉新梢嫩叶、花穗和幼果，造成孔洞、缺刻或落花、落果，是一类重要的农业害虫。

(4)综合防治方法。

①人工防治：细致整地，挖拾蛴螬；避免施用未腐熟的厩肥，减少成虫产卵；在蛴螬发生严重地块，合理控制灌溉或及时灌溉，促使蛴螬向土层深处转移，避开幼苗最易受害时期。

②生物防治：蛴螬乳状菌能感染十多种蛴螬，可将病虫包装处理后，用来防治蛴螬。蛴螬的其他天敌也很多，如各种益鸟、青蛙等，可以保护利用。

③化学防治：

a. 药剂处理土壤。如每 667 $m^2$ 用 50％辛硫磷乳油 200～250 g，加水 10 倍，喷于 25～30 kg 细土上拌匀成毒土，顺垄条施，随即浅锄，或混入厩肥中施用，或结合灌水施入都能收到良好效果，并兼治其他地下害虫。

b. 药剂处理种子。当前用于拌种用的药剂主要有 50％辛硫磷乳油或 25％辛硫磷胶囊剂，其用量一般为药剂∶水∶种子＝1∶(30～40)∶(400～500)。

c. 毒谷。每 667 $m^2$ 用 25％对硫磷或辛硫磷胶囊剂 150～200 g 拌谷子等饵料 5 kg 左右，或 50％对硫磷，或辛硫磷乳油 50～100 g 拌饵料 3～4 kg，在撒于种沟中，兼治其他地下害虫。

**2. 蝼蛄类**

蝼蛄属于直翅目蝼蛄科。在北方主要以华北蝼蛄为主。南方以东方蝼蛄分布最广，危害最重。

(1)代表种。蝼蛄类的代表种是东方蝼蛄。东方蝼蛄体狭长，头小，圆锥形，复眼小而凸出，单眼 2 个，前胸背板椭圆形，背面隆起如盾，两侧向下伸展，几乎把前足基节包起。前足特化为粗短结构，基节特短宽，腿节略弯，片状，胫节很短，三角形，具强端刺，便于开掘(图 6-24)。

图 6-24 东方蝼蛄

(2)危害特点。东方蝼蛄食性很杂,多食性害虫,成虫、若虫均能咬食各种蔬菜、果树、林木和农作物的种子与幼苗。以成虫和若虫在土中咬食刚播种和发芽的种子,或把作物幼苗的嫩茎咬断。根茎部受害后造成乱麻状(或纤维状)缺刻,使植株发育不良或干枯死亡。另外,由于蝼蛄在近地表下活动造成隧道,切断幼苗根部,会使幼苗与土壤分离、失水而枯死。在蝼蛄发生危害盛期,常造成缺苗断垄,严重影响农作物的生产。

(3)综合防治方法。施用厩肥、堆肥等有机肥料要充分腐熟,可减少蝼蛄的产卵。

灯光诱杀成虫:特别在闷热天气、雨前的夜晚更有效。可在 19:00－22:00 点灯诱杀。

鲜马粪或鲜草诱杀:在苗床的步道上每隔 20 m 左右挖一小土坑,将马粪、鲜草放入坑内,次日清晨捕杀,或施药毒杀。

毒饵诱杀:用 40.7% 乐斯本乳油或 50% 辛硫磷乳油 0.5 kg 拌入 50 kg 煮至半熟或炒香的饵料(麦麸、米糠等)中作毒饵,傍晚均匀撒于苗床上。

### 3. 金针虫类

金针虫又名铁丝虫、黄夹子虫,属鞘翅目叩头虫科。金针虫是叩头虫类幼虫的统称。最常见的有沟金针虫和细胸金针虫两种。全国分布,北方严重,常在苗圃中咬食苗木的嫩茎、嫩根或种子,幼苗受害后逐渐枯死。

金针虫幼虫身体细长,圆柱形,略扁,皮肤光滑坚韧,头和末节特别坚硬,颜色多数是黄色或黄褐色。沟金针虫宽而扁平,尾段分叉。细胸金针虫细长圆筒形,尾节圆锥形(图 6-25)。

(1)危害特点。金针虫类均以幼虫危害各种果树、林木、蔬菜、花卉及多种农作物的地下部分,咬食刚发芽的种子或幼苗的根和嫩茎,常使种子不能出苗或幼苗枯死。幼虫也能钻入地下根茎、大粒种子和块根、块茎内取食危害,并传播病原菌引起腐烂。金针虫危害根和茎后的断面不整齐而呈乱麻状,重的枯黄而死,造成缺苗断垄;钻蛀块茎和块根后成细而深的空洞;其成虫可取食地上部分的嫩叶,但危害轻微。

图 6-25 金针虫

(2)综合防治方法。定植前土壤处理,可用 48%

地蛆灵乳油 200 mL/亩，拌细土 10 kg 撒在种植沟内，也可将农药与农家肥拌匀施入。

生长期发生沟金针虫，可在苗间挖小穴，将颗粒剂或毒土点入穴中立即覆盖，土壤干时也可将 48% 地蛆灵乳油 2 000 倍液，开沟或挖穴点浇。

药剂拌种：用 50% 辛硫磷、48% 乐斯本或 48% 天达毒死蜱、48% 地蛆灵拌种，药剂∶水∶种子的比例＝1∶(30～40)∶(400～500)。

施用毒土：用 48% 地蛆灵乳油每亩 200～250 g，50% 辛硫磷乳油每亩 200～250 g，加水 10 倍，喷于 25～30 kg 细土上拌匀成毒土，顺垄条施，随即浅锄；用 5% 甲基毒死蜱颗粒剂每亩 2～3 kg 拌细土 25～30 kg 成毒土，或用 5% 甲基毒死蜱颗粒剂、5% 辛硫磷颗粒剂每亩 2.5～3 kg 处理土壤。

种植前要深耕多耙，收获后及时深翻；夏季翻耕暴晒。

## 知识拓展

### 月季常见虫害

**1. 蚜虫**

蚜虫为刺吸式口器的害虫，常群集于叶片、嫩茎、花蕾、顶芽等部位，刺吸汁液。

危害症状：使叶片皱缩、卷曲、畸形不能伸展。

发生时间：春季，即 3—5 月为高发期（大棚内从 2 月下旬开始），秋季，即 9—10 月均会出现。一般成蚜在月季的叶芽和叶背越冬。过冬后成蚜从 4 月上旬开始在月季新梢、幼叶、花蕾上寄生繁殖，4 月中旬开始出现有翅蚜。月季长管蚜每年可繁殖 2 次，分别在 5 月中旬和 10 月中下旬。温度在 20 ℃ 左右，气候干燥，有利于繁殖。

药物防治：有效成分为吡虫啉、啶虫脒、噻虫嗪的药剂。

**2. 蓟马**

夜间活动，故又称刺客，是一种靠吸取植物汁液为生的昆虫，幼虫呈白色、黄色或橘色，成虫则呈棕色或黑色。

危害症状：嫩枝受害后无法生长，顶端枯死。若虫在嫩叶背取食危害，还不时排泄褐色物质，叶片受害后背面畸形，叶片中脉两侧出现灰白色或灰褐色条斑，表皮呈灰褐色，出现变形、卷曲。

发生时间：终年均会发生，春、夏、秋三季主要发生在露地，冬季主要发生在温室大棚中。每年 3—6 月为第一次高峰期，9—11 月为第二次高峰期，主要发生在春、秋季，为月季生长时期。

药物防治：有效成分为吡虫啉、啶虫脒、噻虫嗪的药剂。

**3. 红蜘蛛**

危害月季的红蜘蛛，主要是普通红蜘蛛，即二点叶螨。

危害症状：从下部叶开始的。它主要以成螨、若螨、幼螨群集于叶背，吐丝结网，吮吸汁液，开始时在受害叶上形成灰白色小点，而后叶片黄弱，似被火烤干，危害严重时造成早期落叶。

发生时间：红蜘蛛喜高温干旱的条件，3—10月，从3月开始在室外地上杂草处产卵，高峰期为5—7月，从10月开始向地面转移越冬。温室里，红蜘蛛终年均可发生。

药物防治：在发生前期，喷药预防，15 d喷1次。若个别叶片已受害，可摘除虫叶并烧掉；发生次数较多时，应及早喷药。视虫情每隔7~10 d防治1次，连续喷2~3次。药剂可选用2%阿维菌素、达螨灵、金满枝、诺普信尼满诺等药剂。

### 4. 月季叶蜂

月季叶蜂，属膜翅目，三节叶蜂科。

危害症状：幼虫取食月季叶片，造成孔洞和缺刻，取食速度较快，常数十头幼虫聚集在叶片上取食，严重时将叶片甚至嫩梢啃食殆尽。雌性成虫的产卵器为镰刀式产卵器，于嫩枝产卵过程中会造成纵向裂口，深达木质部（造成嫩梢枝枯），形成长达2~2.5 cm的产卵痕，由于裂口常常不能愈合，容易造成嫩枝被风折断而枯死，且当卵完全孵化后，植株的新梢几乎完全裂开，会变黑倒折。

发生时间：一年发生3~4代，第一代高发期为5月下旬至6月上旬；第二代高发期为7月上旬至7月中旬；第三代高发期为8月中旬至8月下旬；第四代高发期为9月下旬至10月上旬。常以老熟幼虫于土中结茧越冬。

药物防治：在虫害发生初期喷洒辛硫磷、高氯甲维盐、氯氰菊酯类的药剂进行防治。

### 5. 月季切叶蜂

月季切叶蜂膜翅目，切叶蜂科。外形类似小蜜蜂。当气温高于20 ℃时雌蜂才开始出洞，从早到晚均可进行切叶，雌蜂切叶并非取食，而是用以筑巢。

危害症状：主要危害植株中上部叶片，切叶蜂成虫切割月季叶片的速度十分迅速，把月季或蔷薇的叶缘剪切成许多很规则的椭圆形切口，造成叶残花疏，影响观赏。

发生时间：月季切叶蜂年发生3~4代，世代重叠，以老熟幼虫在枯木树洞、石洞及其他天然洞穴中筑巢做茧越冬。第二年春化蛹，蛹期10~15 d。第一代成虫出现期为5月中旬至6月下旬；第二代成虫出现期为6月下旬至7月中旬；第三代成虫出现期为8月上旬至9月上、中旬；第四代成虫出现期为9月中旬至10月下旬或11月上旬。

药物防治：可于幼虫期或成虫发生初期喷施先正达卉健、国光必治、辛硫磷、高氯甲维盐、菊酯类药剂。

## 任务实施

请同学们通过以上的学习，一起来识别校园内花卉植物上的害虫，3~5人为一组，通过观察分析并对照识别手册或相关专业书籍，记载害虫主要形态识别特征，危害花卉的部位，害虫危害特点，查阅资料，识别害虫的种类及防治方法，将相关信息填入表6-1中。

表 6-1　花卉分类与识别记载表

| 序号 | 害虫名称 | 害虫识别特征 | 害虫危害特点 | 危害花卉的部位 | 防治方法 |
|---|---|---|---|---|---|
|  |  |  |  |  |  |
|  |  |  |  |  |  |
|  |  |  |  |  |  |
|  |  |  |  |  |  |
|  |  |  |  |  |  |

## 课后练习

1. 月季常见的虫害有哪些？应怎么进行综合防治？
2. 应如何利用昆虫的习性进行有效的防治？

## 任务二　花卉常见病害

### 📋 任务导入

通过本任务的学习，列举出 5 种生活中常见的花卉病害，分析其病症和病状，并制定防治措施。

### ⌨ 知识准备

植物病害是指植物在其生命过程中受寄生物侵害或不良环境影响，在生理、细胞和组织结构上发生一系列病理变化的过程，致使外部形态不正常，造成产量降低、品质变劣或生态环境遭到破坏等。

植物病害的症状由病状和病征两类不同性质的特征组成。

### 一、病状及其类型

病状是患病植物本身在受到某种致病因素的作用后，由内及外所表现的不正常状态。它反映了患病植物在病害发展过程中的内部变化，它是由致病因素（病原）持续地作用于受病植物体，发生异常的生理生化反应，致使植物细胞、组织逐渐发生病变，达到一定显著程度时而表现出来的。

按主要特征，病状可分为若干典型化的类型，具体如下。

#### （一）坏死

植物发病坏死以后形成斑点，斑点发生在叶、茎、果等部位，患病组织局部坏死，一般有明显的边缘，成为形状、大小、颜色各不相同的斑点；斑点上还可以呈现轮纹、花纹等特点，根据这些特点而称为褐斑、黑斑、紫斑、角斑、条斑、大斑、小斑、胡麻斑、轮纹斑、网斑等。

#### （二）腐烂

腐烂发生在植物的各个部位。患病组织崩解、变质，细胞死亡，表现为点发性或散发性。由于组织分解的程度不同，有软腐、干腐之分。组织腐烂时，随着细胞的消解而流出汁液，如组织的解体较慢时，腐烂组织中的水分能及时蒸发消失，使病部表皮干缩而形成干腐。软腐主要先是中胶层受到破坏，腐烂组织细胞离析，随后发生细胞消解。

#### （三）萎蔫

萎蔫是植物局部或整株由于失水丧失膨压使枝、叶萎垂的现象。病理性的萎蔫是由于输水组织受到病原的毒害或破坏所致，与生理性的缺水萎蔫不同，不能因供给水分而恢复。典型的萎蔫病状是植物根、茎的维管束组织受到破坏而发生的，皮层组织还是完好的；萎蔫病害常无外表的病征。

### (四)变色

变色是植物发病后色泽发生改变。变色主要有两种类型：一种表现为黄化，是整个植株或叶片部分或全部均匀褪绿、变黄，或呈现其他的颜色，多数伴生有整株或部分的畸形；另一种为花叶，病株叶色泽浓淡不均，深绿与浅绿部分相间，一般遍及全株，上部叶片较为显著，是病毒病害最常见的病状，无病征表现。

### (五)畸形

多数促进性和抑制性的病变都可能导致各种畸形病状。如叶片的膨肿、皱缩、小叶、面叶；果实的缩果及其他畸形；整个植株的徒长、矮缩；局部器官如花器和种子的退化变形和促进性的变态等。

## 二、病征及其类型

病征是生长在植物病部的病原体特征。由于病原物不同，病征或大或小，显著或不显著，具有各种形状、颜色和特征。并不是所有的植物病害都有病征表现，只有一部分病原物引起的病害才具有病征。习惯上也用一些病征来命名病害，如白锈病、白粉病、黑粉病、霜霉病、灰霉病、菌核病等。

### (一)粉状物

粉状物是某些真菌一定量孢子在病部所表现的特征，因着生的部位、形状、颜色的不同可分为以下几类。

(1)锈状物。锈状物是各种植物锈病特有的病征，在植物表皮下形成，使表皮隆起成疱状，表皮破裂后散出鲜黄色、橘黄色以至棕褐色锈状粉末(锈菌的孢子)。

(2)白锈状物。白锈状物在植物表皮下形成，使表皮隆起为白色疱状，破裂后散发出白色粉状物，是白锈菌所致植物白锈病特有的病征。

(3)白粉状物。白粉状物是白粉菌所致植物白粉病的病征，初期在植物表面长出灰白色绒状霉层，以后产生大量白色粉状物(分生孢子)。

(4)黑粉状物。黑粉状物是黑粉病所特有的病症。黑粉状物(冬孢子)着生在被破坏的植物穗部、籽粒内外、叶和叶鞘组织内及肿瘤的内部，黑粉数量大，特征显著。

### (二)霉状物

霉状物是植物真菌性病害常见的病征，由各种真菌的菌丝、孢子梗及孢子构成；霉层的颜色、形状、结构、疏密等特点的差异标志着病原真菌种类的不同。

(1)霜霉。霜霉是霜霉菌所致植物霜霉病的特有病征，霉层下部较稀疏而上部密集交叉；霜霉层多数是密集地着生在叶片背面的褪绿多角形斑点内，少数较分散地生在褪绿、膨肿的茎、叶病组织上。多数为白色，也有灰色和紫色的。

(2)绵霉。绵霉是在高湿情况下发生的洁白、均匀的霉层,有的绒厚丰满如棉絮团,有的细密平展,常伴随腐烂病状。

(3)毛霉。毛霉是毛霉菌所致腐烂病的病征,霉层丰厚,初期白色,后转为黑白相间,或表面密生一层黑色球状体。

(4)青霉、绿霉。青霉、绿霉一般为青霉菌所表现的病征,发生于多种果实、块根、块茎的腐烂部位,通常为青绿色。

(5)灰霉。灰霉主要是半知菌亚门丝孢目病菌所表现的病征,伴随多种病状,霉层表面特征差异较大,或疏或密,一般较薄,为鼠灰色。

另外,还有多种其他颜色的霉层。也有很多不显著的各样霉层,伴随着多种病状产生。在观察时利用实体显微镜或放大镜才能辨别其特征。这些霉状病征在空气湿度较高时,易于产生和发现。

### (三)点状物

点状物是很多病原真菌繁殖器官的表现,呈褐色或黑色,不同病害粒点病征的形状、大小、凸出表面的程度、密集或分散、数量的多少都是不尽相同的。

### (四)菌核

菌核是真菌菌丝交结形成的一种致密的组织结构。形状大小差别很大,初期为淡色,后期多数是黑色,少数为棕色,常伴随整株或局部的腐烂或坏死病状产生,发生在植物病部体表或茎秆内部髓腔中。此类病害多称为菌核病。

### (五)溢脓

溢脓是多数细菌性植物病害在病部表面溢出含菌体的液滴或弥散成菌液层,白色或黄色,干涸时成菌胶粒或菌膜。

病征是由病原微生物的群体或器官着生在病体表面所构成的,它更直接地暴露了病原物在质上的特点。病征的出现与否和出现的明显程度,虽受环境条件的影响很大,但既经表现出来却是相当稳定的特征,所以,根据病征能够正确地判定病害。很多种植物病害是直接以其病征的特点而命名的,如锈病、黑粉病、霜霉病、白粉病、煤污病、绵腐病等。

## 三、花卉常见病害

### (一)白粉病

白粉病主要危害月季、蔷薇、玫瑰、凤仙、美女樱、秋葵、一品红、福禄考、秋海棠、栀子、牡丹、芍药、大丽花、八仙花、九里香等大部分园林苗木和草坪植物。

#### 1. 识别特征

白粉病侵染植物的叶片、叶柄、花和嫩枝。初期病部出现浅色点,逐渐由点发展,形成一层白粉(分生孢子)，最后粉斑上长出许多霉点使叶片卷缩、嫩梢弯曲甚至整株死亡。分后期着生许多小黑点(子囊壳)，分生孢子可多次重复侵染，因而发病期长，其中以 7—9 月最为严重(图 6-26、图 6-27)。

图 6-26　牡丹白粉病　　　　图 6-27　月季白粉病

### 2. 综合防治方法

(1)与非寄主花木轮作 2~3 年，以减少病源。

(2)加强培育管理，晚秋到次年早春越冬期间，彻底清洁苗圃，扫除枯枝落叶，剪去病虫枝集中销毁。生长期间及时摘除染病枝叶，彻底清除落叶，剪去病虫枝和中下部过密枝，集中销毁。不宜种植过密，棚室加强通风换气，以降低湿度。及时排除田间和花盆积水，浇水不宜多，应从盆边浇水，不使茎叶淋水，减少病菌传播和发病机会。增施磷钾肥，少施氮肥，使植株生长健壮，多施充分腐熟的有机肥，以增强植株的抗病性。

(3)预防大棚内花木发病，在大棚育苗种植前，彻底清除棚内所有植物，清扫棚室，用药物熏烟等手段严格消毒。严防病苗入室，棚内尽量种植单一花木品种，避免混植，以防止交叉传染。早春露地花木萌芽前，彻底销毁棚内病株后，才能开棚，以防止病菌孢子传播到棚外。

(4)药剂防治：越冬期用 3~5 波美度的石硫合剂稀释液喷或涂枝干。注意：瓜叶菊等易受药害的花卉不能施用。地面喷硫黄粉，一般每 70 m² 使用 25~30 g，消灭越冬菌源。生长期在发病前可喷保护剂，发病后宜喷内吸剂，根据发病症状，花木生长和气候情况及农药的特性，间隔 5~20 d 施药 1 次，连施 2~5 次。内吸剂有 50％多菌灵 500 倍液、75％甲基硫菌灵 1 000 倍液。病害盛发时，可喷 15％粉锈宁 1 000 倍液，一季花木，一种内吸剂只能施 1~2 次。要经常更换农药种类，避免病菌产生抗药性。经常使用的保护剂有 50％硫悬浮剂 500~800 倍液、45％石硫合剂结晶 300 倍液、50％退菌特可湿性粉剂 800 倍液、75％百菌清 500 倍液、70％代森锰锌 400 倍液。

### (二)海棠锈病

海棠锈病是各种海棠的常见病害，危害贴梗海棠、垂丝海棠、西府海棠，以及梨、木瓜等观赏植物。在我国各省市均有发生。当发病严重时，海棠叶片上病斑密布，致使叶片枯黄早落。同时，该病还会危害桧柏、侧柏、龙柏、铺地柏等观赏树木，造成针叶及小枝枯死，影响园林景观的美观。

**1. 危害症状**

海棠锈病主要危害海棠叶片，也能危害叶柄、嫩枝和果实。叶面最初出现黄绿色小点，扩展后呈橙黄色或橙红色有光泽的圆形小病斑，边缘有黄绿色晕圈。病斑上着生针头大小橙黄色的小颗粒后期变为黑色，病组织肥厚略向叶背隆起，其上有许多黄白色毛状物最后病斑变成黑褐色枯死。叶柄、果实上的病斑明显隆起果实畸形多呈纺锤形；嫩梢感病时病斑凹陷易从病部断；桧柏等植物被侵染后针叶和小枝上形成大小不等的褐黄色瘤状物，雨后瘤状物（菌瘿）吸水变为黄色胶状物远视犹如小黄花，受害的针叶和小枝一般生长衰弱严重时可枯死（图6-28和图6-29）。

图6-28　叶片背面　　　　图6-29　叶片正面

**2. 综合防治方法**

（1）避免将海棠、松柏种植在一起。在园林风景区内，注意海棠种植区周围，尽量避免种植桧柏等转主植物，减少发病次数。如果景观需要配植桧柏时，则以药剂防治为主来控制该病发生。

（2）春季当针叶树上的菌瘿开列，即柳树发芽、桃树开花时，降雨量为4～10 mm时，应立即往针叶树上喷洒药剂：1∶2∶100的波尔多液；0.5～0.8波美度的石硫合剂。在担孢子飞散高峰，降雨量为10 mm以上时，向海棠等阔叶树上喷洒1％石灰倍量式波尔多液，或25％的粉锈宁可湿性粉剂1 500～2 000倍液。秋季（8—9月），待锈孢子成熟时，往海棠上喷洒65％代森锌可湿性粉剂500倍液或粉锈宁。

（3）海棠发病初期喷15％粉锈宁可湿性粉剂1 500倍液或1∶1∶200倍波尔多液，从而控制病害发生。

## （三）花木煤污病

煤污病又称煤烟病，在花木上发生普遍，影响光合作用、降低观赏价值和经济价值，甚至引起死亡。其症状是在叶面、枝梢上形成黑色小霉斑，后扩大连片，使整个叶面、嫩梢上布满黑霉层。呈黑色霉层或黑色煤粉层是该病的重要特征。花木煤污病可以危害紫薇、牡丹、柑橘山茶、米兰、桂花、菊花等多种花卉。

**1. 危害症状**

在叶面、枝梢上形成黑色小霉斑，后扩大连片，使整个叶面、嫩梢上布满黑霉层。由于煤污病菌种类很多，同一植物可染上多种病菌，其症状上也略有差异、呈黑色霉层或黑色煤粉层是该病的重要特征（图6-30和图6-31）。

图 6-30　紫薇煤污病　　　　　　图 6-31　夹竹桃煤污病

### 2. 综合防治方法

（1）植株种植不要过密，须适当修剪，温室要通风透光良好，以降低湿度，切忌环境湿闷。

（2）植物休眠期喷 3～5 波美度的石硫合剂，消灭越冬病源。

（3）该病发生与分泌蜜露的昆虫关系密切，喷药防治蚜虫、介壳虫等是减少发病的主要措施。适期喷用 40% 氧化乐果 1 000 倍液或 80% 敌敌畏 1 500 倍液。防治介壳虫还可用 10～20 倍松脂合剂、石油乳剂等。

（4）对于寄生菌引起的煤污病，可喷用代森铵 500～800 倍，灭菌丹 400 倍液。

## （四）灰霉病

灰霉病是大棚花卉的重要病害，主要危害花卉的花、果及叶片。在花卉的生长季节常伴随发生，尤其在冬、春季棚室生长期间。如果放松管理，更有利于该病的发生和流行，严重时可引起大量落花落叶，影响植物开花，降低观赏价值。

### 1. 危害症状

灰霉病主要发生在叶片、叶柄上，也侵染花梗和花瓣。染病部位呈渍水状斑点，病部逐渐扩大腐败，但无臭味，病部表面密生白色至灰褐色霉状物，此为病原菌的分生孢子及分生孢子梗，为害严重时整株枯死。叶片染病后，先出现病斑，最后全叶腐烂。叶柄或花梗感病后，发生褐色软腐，直至干枯，花瓣受害将导致最终腐烂（图 6-32）。

图 6-32　仙客来灰霉病

### 2. 综合防控方法

（1）发病初期可用 1∶1∶200 倍的波尔多液防治，选喷 50% 多菌灵可湿性粉剂 1 000 倍液或 70% 甲基托布津可湿性粉剂 1 000 倍液或 10% 多抗霉素可湿性粉剂 1 000～2 000 倍液进行防治。可用药剂还有 70% 甲基托布津可湿性粉剂 800～1 000 倍液及 50% 多菌灵 500～800 倍液。在发病期，每两周喷一次 50% 可湿性代森锌 800 倍液或 50% 可湿性托布津 500 倍液，可达到很好的效果。施药时最好交替使用，不要反复施用一种药剂，以免产生抗药性。

(2)由于此菌菌核在土壤中越冬，因此，上盆时最好不使用旧土壤，若使用旧土壤，事前需要进行土壤消毒。

(3)适当控制温室内的温度、湿度，温室栽培应加强通风、透光、降温；浇水时避免淋浇，可减轻病害的发生。

(4)粉尘法。于傍晚关闭温室门窗后用喷粉器喷洒5％灭霉灵粉尘或6.5％甲霉灵粉尘剂，每667$m^2$用量为1 kg。

### (五)叶斑病

叶斑病是叶片组织受局部侵染，导致出现各种形状斑点病的总称。但叶斑病并非只是在叶片上发生，有些病害既在叶片上发生，也在枝干、花和果实上发生。叶斑病的类型很多，可因病斑的色泽、形状、大小、质地、有无轮纹等不同，可分为褐斑病、黑斑病、圆斑病、角斑病、斑枯病、轮斑病等。叶斑上往往着生有各种粒点或霉层。叶斑病聚集发生时，可引起叶枯、落叶或穿孔，以及枯枝或花腐，严重降低园林植物的观赏价值，有些叶斑病还会给园林植物造成较大的经济损失，如月季黑斑病、杜鹃角斑病、大叶黄杨褐斑病、香石竹叶斑病等。

**1. 危害症状**

叶斑病害在叶、茎、蕾和花上都可以发生，以叶部最常见。发病多从下部叶片开始，产生淡绿色水渍状的小圆斑，后变紫色，随着病斑扩大，中央变为灰白色，边缘褐色，直径为4～5 mm。病斑相互连接形成不规则的大斑块，使叶变黄、扭曲干枯，倒挂在茎干上不脱落。潮湿天气时，病部产生黑色霉层，即病菌的分生孢子梗和分生孢子。茎部大多在茎节及枝条的分叉处或摘芽产生的伤口部位出现病斑，病斑灰褐色，条状，当病部环绕茎干一周时，病斑以上部位枝叶枯死呈褐色干腐。茎干上的黑色霉层可保留很久。花蕾上病斑圆形，黄褐色水渍状，在花瓣上也可见黑褐色病斑和霉层（图6-33和图6-34）。

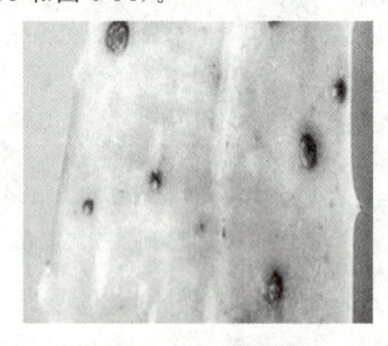

图 6-33　芦荟褐斑病　　　　图 6-34　蝴蝶兰褐斑病

**2. 综合防治方法**

(1)从健康植株上选择无病插条或使用组织培养的健壮苗。提倡温室或遮棚栽植，露地栽培的棚架应透风、透光、避雨。植地应实行2年以上轮栽。采用滴灌或沟灌方式淋水，避免从植株顶端喷洒。

(2)插条在扦插前用1%抗菌剂401的1 000倍液浸泡30 min。发病始期即开始喷药，摘芽切花之后应立即喷药保护。可交替选用的药物为75%百菌清600～800倍液，或70%代森锰锌500～700倍液，或50%克菌丹500～600倍液，或25%敌力脱2 000～2 500倍液等。

### （六）炭疽病

炭疽病主要危害兰花、君子兰、白兰、山茶、玉兰、梅花、米兰、无花果、橡皮树、棕榈、蔷薇类、仙客来、仙人掌类、牡丹、芍药、八仙花、万年青、广玉兰、茉莉、金橘、含笑花、鸡冠花、石竹、大花萱草、金盏菊、冬珊瑚、散尾葵等多种花卉。

**1. 危害症状**

(1)发生于叶片上，发病初期在叶片上呈圆形、椭圆形红褐色小斑点，后期扩大呈深褐色病斑，中央则由灰褐色转为灰白色，而边缘则为紫褐色或暗绿色，有时边缘有黄晕，最后病斑转为黑褐色，并产生轮纹状排列的小黑点，即病菌的分生孢子盘。

(2)在茎上产生圆形或近圆形的病斑，呈淡褐色，其上生有轮纹状排列的黑色小点，如仙人掌炭疽病。此病常发生于叶缘和叶尖，严重时能使大半叶子枯黑死亡(图6-35)。

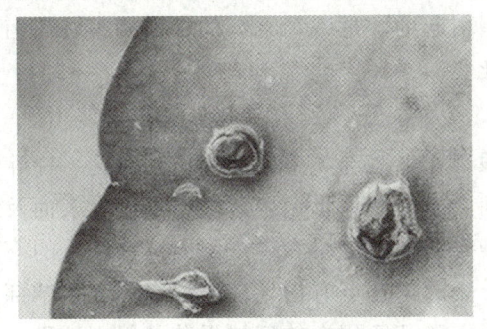

图 6-35　仙人掌炭疽病

**2. 综合防治方法**

(1)选用抗病的优良品种。

(2)发病初期应剪除病叶及时烧毁，以防止病情扩散；避免放置过密及当头淋浇，并经常保持通风通光。

(3)发病初期喷洒50%多菌灵可湿性粉剂700～800倍液，或50%炭福美可湿性粉剂500倍液，或75%百菌清500倍液。

### （七）苗木立枯病

苗木立枯病是由真菌引起的，是常见的根部病害之一，各类型的园林植物苗期都可能发生立枯病，尤其针叶树育苗重病地块发病率可达70%～90%。4—6月为多发期，危害1～3年生幼苗，特别是出土1个月之内的幼苗。

**1. 危害症状**

根据发病时期不同，苗木立枯病共有4种症状类型：腐烂型，播种后7～10 d便可能被病菌侵染，破坏种芽组织，在土壤中腐烂；猝倒型，幼苗出土 60 d 内尚未木质化之前，幼茎基部出现水渍状病斑、腐烂，之后苗木倒伏；茎叶腐烂型，在幼苗出土期，苗木密集，湿度大，覆盖物覆盖过久，病原侵染引起幼苗茎叶腐烂。1~3 年生幼苗如果连雨天湿度大、苗密集也会发生此种类型；立枯型，幼苗已经木质化后，由于病菌侵入根部皮层变色腐烂，苗木枯死且不倒伏（图 6-36）。

### 2. 综合防治方法

（1）培育壮苗，提高抗病性。

（2）圃地不宜选择瓜菜地和排水不良、土质黏重的地块，精选种子适时播种前，土壤和种子必须消毒，土壤的消毒可选择 50 mL/m$^3$ 加水 6~12 L 的 40% 福尔马林，在播种前喷洒土中，用塑料薄膜覆盖 7 d，揭去薄膜 5 d 后播种，也可按每 1 hm$^2$ 用 75 kg 10% 多菌灵可湿性粉剂与细土混合，药与土的比例为 1∶200 的药土垫床和覆种。

（3）播种前种子消毒用 0.5% 高锰酸钾溶液浸泡 2 h。幼苗出土后，可喷洒多菌灵 50% 可湿性粉剂 500~1 000 倍液或喷 1∶1∶120 倍波尔多液，每隔 10~15 d 喷洒一次。

## （八）花木根朽病

花木根朽病是由病菌引起的，是一种著名的根部病害，病菌侵入导致根系和根茎部的腐朽，直至全株枯萎死亡。

### 1. 危害症状

花木根朽病发生在根部和根茎部，皮层和木质部腐化。针叶树染病后在根茎处流出大量流脂，皮层和木质间产生白色扇形菌膜。病根皮层、表面及附近土壤，有深褐色或黑色扁圆形根状菌索。染病初期，皮层和树皮湿腐，有浓重的蘑菇味，黑色菌索包裹根部逐渐进入树皮，紧靠土表的树皮下有白色菌扇，根部和根茎部一点点腐烂，直至植株死亡。到了秋季在濒临死亡和已经死亡的病株干茎与周围地面，出现成丛的蜜环菌子实体，形如蘑菇（图 6-37）。

图 6-36　四季海棠立枯病

图 6-37　根朽病

### 2. 综合防治方法

（1）精心养护管理，确保植物健壮，增强抵抗蜜环菌的能力；在经济林或果园内发现病株，要及时切根并烧毁，先将切口消毒后，再用防水涂剂加以保护，病株周围土壤用二硫化碳浇灌处理。

（2）在幼林内，根腐病蔓延时，挖沟隔离中心病株或中心病区，消除病区内所有植物，病土必须经过热力或化学处理，才能栽植。

（3）普通林发现病株及时拔除并烧毁，换上新土再栽植健康植株。

### （九）根癌病

根癌病是由细菌引起的，也称冠瘿病，世界范围普遍发生，寄主范围广泛，可侵染93科331属643种高等植物，主要为双子植物、裸子植物及少数单子植物，主要发生在根茎处，有时也发生在主根、侧根和地上部的主干、枝条上。根系受到破坏轻则造成植株长势衰弱、寿命缩短，重则全株死亡。

**1. 危害症状**

发病初期，受害处形成形态各异的瘤，幼瘤为白色或肉色，质地柔软，表面光滑，逐渐变为褐色或黑褐色、粗糙、龟裂、溃烂（图6-38）。

**2. 综合防治方法**

控制根癌病害蔓延的重要措施是严格检疫，发现病苗及时烧毁，对可疑苗木用1%硫酸铜液浸根5 min后冲洗干净栽植；选择未感染的土壤育苗和移植，如苗圃污染，用硫黄粉、硫酸亚铁或漂白粉进行消毒；移植时避免造成伤口；注意防治地下害虫，按30～50 g/m² 施呋喃丹3%颗粒剂翻地15～20 cm后，浇透水杀灭根结线虫及地老虎等害虫；嫁接工具要用高锰酸钾溶液或75%酒精消毒；用K84、K1026、HLB－2（AT）等放射土壤杆菌浸泡或喷雾处理种子、插条、裸根苗及接穗，可以有效地根治根癌病的发生，其中K48对月季根癌病防治效果可达90%，HLB－2、MI15和E26菌株防治葡萄根癌病效果好。

### （十）根结线虫病

根结线虫病是由线虫引起的，在我国南北许多地区都有发生，可危害1 700多种植物，它们分属114个科，包括单子叶植物、双子叶植物、草本植物和木本植物，造成病株生长缓慢、发育停滞，甚至会使苗木凋萎枯死。

**1. 危害症状**

根结线虫病主要发生在植物幼嫩的支根和侧根上，或小苗的主根上产生大小不等的、圆形或不规则的瘤状虫瘿，初期表面光滑，淡黄色，后粗糙，色加深，肉质，切开可以看见内有白色稍有发亮的小粒状物。根系吸收功能减弱，生长衰弱，叶小发黄，脱落或枯萎，枯枝或整株死亡（图6-39）。

**2. 综合防治方法**

加强防疫，防治根线虫病蔓延，选用优良抗病品种是防治根线虫病经济有效的重要措施；选择无病苗圃地育苗，已经发生根结线虫病的圃地，可与松、杉、柏等苗木轮作2～3年；施肥可以提高植物的抗性，促进根系发育，有机质含量高的土壤，天敌微生物比较活跃；土壤深翻和淹水可减轻发病，育苗前用药剂作土壤消毒处理，土壤消毒处理可用溴甲烷、二溴氯丙烷或克线磷穴施或沟施于土壤中，或环施于植株周围。美国进口的 20% 丙线磷颗剂对根结线虫防治效果非常明显，并能兼治地下害虫，具体办法是在定植时穴施或条施 20% 丙线磷颗剂 10~11 kg/hm$^2$，或在播种时开沟撒施，都可以起到良好的防治效果。

图 6-38　樱花根癌病　　　　　　　　图 6-39　桂花根结线虫病

## 知识拓展

**1. 樱花常见病害**

樱花常见的病害有根瘤病、炭疽病和褐斑穿孔病。樱花的根瘤病发生，可将受害植株崛起，冲净泥土，将根在 1% 的硫酸铜溶液中浸泡 5~8 min，浸泡后进行冲洗，然后再栽植。将瘤状物切除，并在伤口涂抹 0.1% 升汞溶液，再进行栽植。

如有炭疽病发生，可用 70% 代森锰锌可湿性颗粒 1 000 倍液或 50% 多菌灵可湿性颗粒 500 倍液或 50% 退菌特可湿性颗粒 1 000 倍液交替喷施，连续喷 3~4 次，每次间隔 7~10 d。冬季及时将落叶扫除并集中烧毁。发病期禁止对植株进行叶片喷雾。

如有褐斑穿孔病发生，可在树木萌芽前喷晶体亚硫合剂 50~100 倍液进行保护。发病后可喷施 50% 加瑞农 1 000 倍液进行防治，每 10 d 喷 1 次，连续喷 3~4 次便可有效控制此病情。

**2. 紫薇常见病害**

紫薇白粉病：常在叶嫩梢和花蕾上发生。其防治方式有园艺防治和药剂防治。

园艺防治：紫薇萌生力强，成树可于冬季剪除所有昔时生的枝条，断根病落叶，病梢，可以减轻侵染。家庭盆栽紫薇应实时摘除病叶，并将盆花放置在通风透光处。

药剂防治：可喷洒 80% 代森锌可湿性粉 500 倍液，或 70% 甲基托布津 1 000 倍液，或 20% 粉锈宁 4 000 倍液，或 1% 波尔多液，于 5 月中旬起，每隔 10 天喷 1 次，共喷 3~4 次。

紫薇煤污病：首要损害叶片和枝条。在叶片正面和枝条、叶柄上，布满一层黑色的煤粉状物，影响光合作用。

园艺防治：通过间苗、修枝等措施，使树木通风、透光；及时防治蚜虫、蚧壳虫、粉虱等，因为这些昆虫的分泌物正是煤污病病原存在的基础。

药剂防治：常用药剂为石硫合剂，冬季用 3 波美度石硫合剂，夏、秋季用 0.3 波美度的石硫合剂，也可用三硫磷、山苍子叶汁进行防治，或者喷洒 50％多菌灵可湿性粉剂 500～800 倍液、70％甲基拖布津 500 倍液等。

## 任务实施

通过以上的学习，一起来识别校园内的花卉植物上的病害，3～5 人一组，通过观察分析并对照识别手册或相关专业书籍，记载花卉病害的危害症状即病状和病征，查阅资料，识别病害种类及防治方法，将相关信息填入表 6-2 中。

表 6-2　花卉分类与识别记载表

| 序号 | 病害名称 | 病害类型 | 主要病状和病征 | 病害发生部位 | 主要防治方法 |
|---|---|---|---|---|---|
|  |  |  |  |  |  |
|  |  |  |  |  |  |
|  |  |  |  |  |  |
|  |  |  |  |  |  |
|  |  |  |  |  |  |
|  |  |  |  |  |  |

## 课后练习

1. 简述食叶类害虫、吸汁类害虫、钻蛀性害虫、地下害虫的危害特征及防治方法。
2. 如何制定有效的害虫综合防治方案？
3. 植物病状和植物病征的概念分别是什么？

# 参考文献

[1] 曹春英，孙日波. 花卉栽培[M]. 3版. 北京：中国农业出版社，2014.

[2] 包满珠. 花卉学[M]. 北京：中国农业出版社，2003.

[3] 刘燕. 园林花卉学[M]. 北京：中国林业出版社，2003.

[4] 鲁涤非. 花卉学[M]. 北京：中国农业出版社，1998.

[5] 陈俊愉，程绪珂. 中国花经[M]. 上海：上海文化出版社，1990.

[6] 王奎玲. 花卉学[M]. 北京：化学工业出版社，2016.

[7] 陈俊愉. 中国花卉品种分类学[M]. 北京：中国林业出版社，2001.

[8] 金波，秦魁杰. 切花栽培与保鲜及插花艺术[M]. 北京：中国林业出版社，1995.

[9] 金波. 鲜切花栽培技术手册[M]. 北京：中国农业大学出版社，2000.

[10] 金波. 花卉资源原色图谱[M]. 北京：中国农业出版社，1999.

[11] 金波. 常用花卉图谱[M]. 北京：中国农业出版社，1998.

[12] 俞平高. 生产园艺[M]. 北京：中国农业出版社，2001.

[13] 施振周，刘祖祺. 园林花木栽培新技术[M]. 北京：中国农业出版社，1999.

[14] 胡绪岚. 切花保鲜新技术[M]. 北京：中国农业出版社，1996.

[15] 赵兰勇. 商品花卉生产与经营[M]. 北京：中国林业出版社，1999.

[16] 唐祥宁. 花卉园艺工（高级）[M]. 北京：中国社会劳动保障出版社，2004.

[17] 夏春森，刘忠阳. 细说名新盆花194种[M]. 北京：中国农业出版社，2002.

[18] 姬君兆，黄玲燕. 花卉栽培学讲义[M]. 北京：中国林业出版社，1985.

[19] 徐公天. 园林植物病虫害防治原色图谱[M]. 北京：中国农业出版社，2003.

[20] 贾梯. 庭院种花[M]. 北京：中国农业出版社，1998.

[21] 康亮. 园林花卉学[M]. 北京：中国建筑工业出版社，2007.

[22] 曹春英. 花卉栽培[M]. 2版. 北京：中国农业出版社，2001.

[23] 黄献胜，卓妙卿，黄以琳. 看图养仙人掌[M]. 福州：福建科学技术出版社，2004.

[24] 蒋卫杰. 蔬菜无土栽培新技术[M]. 北京：金盾出版社，2001.

[25] 谢国文. 园林花卉学[M]. 北京：中国农业科学技术出版社，2006.

[26] 杨利平，和凤美. 园林花卉学[M]. 北京：中国农业大学出版社，2017.

[27] 王意成. 花卉博物馆[M]. 南京：江苏凤凰科学技术出版社，2018.

[28] 蔡建国. 花卉栽培知识200问[M]. 杭州：浙江大学出版社，2018.

[29] 常美花. 花卉育苗技术手册[M]. 北京：化学工业出版社，2019.

[30] 段春玲，刘和风，张瑞英，包志强. 切花月季的岩棉栽培技术[J]. 中国花卉园艺，2005(02)：37-39.

[31] 李悦，郭文场.巴西木的养护繁殖与管理[J].特种经济动植物，2014(06)：36-39.

[32] 刘颖圣，刘文苑，间邱杰.浅谈栽培基质和植物在华南地区轻型绿色屋顶中的选择及应用[J].现代园艺，2019(22)：125-127.

[33] 包永霞，郗世琦，焦芳.纸钵基质块对三种花卉扦插苗生长的影响[J].现代园艺，2022(9)：3-5.

[34] 汪劲武.马钱科和马鞭草科琐记[J].植物杂志，1989.000(001)：28-30.

[35] 郭翠娥，杨鹏.柳叶马鞭草花海种植与养护[J].中国花卉园艺.2020(12)：40-41.

[36] 樊青爱.花卉无土栽培基质选用和营养液配制[J].林业实用技术，2008(2)：40-41.

[37] 李卓雨，吕红桃，伏轩仪，等.不同浓度营养液对切花月季水培的影响[J].种子科技，2022.40(14)：13-16.

[38] 余为国，余汉林，廖立新，等.绿萝的繁殖及室内栽培简介[J].湖北植保，2017(5)：63-64.

[39] 郭凤鸣，蔡亚东，普海莲，等，微型盆花月季温室大棚无土栽培及采收加工技术[J].农科科技通讯，2022.11：240-242.